U0187583

非线性动力学丛书 27

基于非线性动力学的微弱信号检测

Weak Signal Detection Based on Nonlinear Dynamics

赵志宏　杨绍普　著

科 学 出 版 社
北 京

内 容 简 介

本书是作者及其合作者长期以来在非线性动力学与微弱信号检测领域科研成果的总结。书中系统地介绍了基于非线性动力学的微弱信号检测方法，内容包括基于随机共振的微弱信号检测方法，基于混沌振子的微弱信号检测原理及方法，基于 Duffing 振子、双耦合 Duffing 振子、耦合 van der Pol-Duffing 振子、Holmes-Duffing 振子的微弱信号检测方法。为了进一步提高微弱信号检测效果，介绍混沌振子用于未知微弱信号检测的变尺度法、盲域消除法，并与其他检测技术相结合；最后将基于混沌振子的微弱信号检测方法应用于机械设备早期微弱故障信号的检测。本书为微弱信号检测提供了新的方法与技术，并且可以进一步扩展非线性动力学的研究与应用领域。

本书可供从事和涉及非线性动力学、信号分析和处理以及相关专业的本科生、研究生、教师与科研技术人员使用。

图书在版编目(CIP)数据

基于非线性动力学的微弱信号检测/赵志宏，杨绍普著. —北京：科学出版社，2020.11

（非线性动力学丛书；27）

ISBN 978-7-03-066552-2

I. ①基… II. ①赵… ②杨… III. ①信号检测 IV.①TN911.23

中国版本图书馆 CIP 数据核字(2020) 第 208210 号

责任编辑：刘信力 杨 探 / 责任校对：彭珍珍
责任印制：吴兆东 / 封面设计：陈 敬

科学出版社 出版
北京东黄城根北街 16 号
邮政编码：100717
http://www.sciencep.com

北京虎彩文化传播有限公司 印刷
科学出版社发行 各地新华书店经销

*

2020 年 11 月第 一 版 开本：720×1000 B5
2021 年 4 月第三次印刷 印张：9 1/4
字数：170 000
定价：98.00 元
（如有印装质量问题，我社负责调换）

"非线性动力学丛书"序

　　真实的动力系统几乎都含有各种各样的非线性因素，诸如机械系统中的间隙、干摩擦，结构系统中的材料弹塑性、构件大变形，控制系统中的元器件饱和特性、变结构控制策略等。实践中，人们经常试图用线性模型来替代实际的非线性系统，以方便地获得其动力学行为的某种逼近。然而，被忽略的非线性因素常常会在分析和计算中引起无法接受的误差，使得线性逼近成为一场徒劳。特别对于系统的长时间历程动力学问题，有时即使略去很微弱的非线性因素，也会在分析和计算中出现本质性的错误。

　　因此，人们很早就开始关注非线性系统的动力学问题。早期研究可追溯到 1673 年 Huygens 对单摆大幅摆动非等时性的观察。从 19 世纪末起，Poincaré, Lyapunov, Birkhoff, Andronov, Arnold 和 Smale 等数学家和力学家相继对非线性动力系统的理论进行了奠基性研究，Duffing, van der Pol, Lorenz, Ueda 等物理学家和工程师则在实验和数值模拟中获得了许多启示性发现。他们的杰出贡献相辅相成，形成了分岔、混沌、分形的理论框架，使非线性动力学在 20 世纪 70 年代成为一门重要的前沿学科，并促进了非线性科学的形成和发展。

　　近 20 年来，非线性动力学在理论和应用两个方面均取得了很大进展。这促使越来越多的学者基于非线性动力学观点来思考问题，采用非线性动力学理论和方法，对工程科学、生命科学、社会科学等领域中的非线性系统建立数学模型，预测其长期的动力学行为，揭示内在的规律性，提出改善系统品质的控制策略。一系列成功的实践使人们认识到：许多过去无法解决的难题源于系统的非线性，而解决难题的关键在于对问题所呈现的分岔、混沌、分形、孤立子等复杂非线性动力学现象具有正确的认识和理解。

　　近年来，非线性动力学理论和方法正从低维向高维乃至无穷维发展。伴随着计算机代数、数值模拟和图形技术的进步，非线性动力学所处理的问题规模和难度不断提高，已逐步接近一些实际系统。在工程科学界，以往研究人员对于非线性问题绕道而行的现象正在发生变化。人们不仅力求深入分析非线性对系统动力学的影响，使系统和产品的动态设计、加工、运行与控制满足日益提高的运行速度和精度需求，而且开始探索利用分岔、混沌等非线性现象造福人类。

　　在这样的背景下，有必要组织在工程科学、生命科学、社会科学等领域中从事非线性动力学研究的学者撰写一套"非线性动力学丛书"，着重介绍近几年来非线性动力学理论和方法在上述领域的一些研究进展，特别是我国学者的研究成果，为从事非线性动力学理论及应用研究的人员，包括硕士研究生和博士研究生等，提供最新的理论、方法及应用范例。在科学出版社的大力支持下，我们组织了这套"非线性动力学丛书"。

本套丛书在选题和内容上有别于郝柏林先生主编的"非线性科学丛书"(上海教育出版社出版)，它更加侧重于对工程科学、生命科学、社会科学等领域中的非线性动力学问题进行建模、理论分析、计算和实验。与国外的同类丛书相比，它更具有整体的出版思想，每分册阐述一个主题，互不重复。丛书的选题主要来自我国学者在国家自然科学基金等资助下取得的研究成果，有些研究成果已被国内外学者广泛引用或应用于工程和社会实践，还有一些选题取自作者多年的教学成果。

希望作者、读者、丛书编委会和科学出版社共同努力，使这套丛书取得成功。

胡海岩

2001 年 8 月

序

非线性动力学是当代科学技术发展中的前沿和难点，在航空航天、机械运载、动力能源、土木交通等众多工程领域中有着广泛的应用。

石家庄铁道大学杨绍普教授带领的团队 30 多年来致力于非线性动力学与机械系统故障诊断的研究，成果曾获得国家科技进步奖二等奖和国家自然科学奖二等奖。赵志宏教授是杨绍普教授的学生，是团队的骨干成员，在非线性动力学与故障诊断方面具有较深的造诣，主持国家自然科学基金项目 2 项，发表学术论文 40 余篇。

这次出版的《基于非线性动力学的微弱信号检测》，是杨绍普教授团队在非线性动力学方面的最新研究成果，该书从多个方面对非线性动力学应用于微弱信号检测的方法进行了阐述，研究了混沌振子用于微弱信号检测的原理与方法，介绍了混沌阈值的确定方法，并对多个混沌系统进行了微弱信号检测实验。该书内容翔实丰富，技术先进，这本专著介绍了我国动力学与控制学科关于非线性动力学进行微弱信号检测的研究新进展，它的出版必将会进一步推动我国非线性动力学的发展。

该书具有如下特点：

(1) 突出了非线性动力学的应用。该书围绕将非线性动力学的理论研究成果应用于微弱信号检测进行了一系列研究，内容翔实。

(2) 突出最新混沌动力学研究成果。混沌动力学的研究最近得到了研究人员的极大关注，耦合混沌振子系统比单混沌振子表现出了更加复杂的非线性动力学行为，该书在研究耦合混沌振子模型的基础上，提出了基于耦合混沌振子的微弱信号检测方法。

(3) 将非线性动力学与信号处理学科交叉融合。在传统信号处理方法，例如时域、频域、时频的基础上，提出了新的基于非线性动力学的微弱信号处理方法，促进了信号处理技术的发展与演化。

随着非线性动力学学科的快速发展，呈现出理论与应用紧密结合的发展趋势，以及多学科交叉融合的特色。该书正应这一需求而成，将会有很好的应用价值，我非常高兴看到这本书的出版。

张 伟

2020 年 1 月 17 日

北京工业大学

前　　言

　　非线性问题广泛存在于许多学科之中，随着科学技术的发展，传统的线性化方法已不能满足解决非线性问题的要求，非线性动力学是研究非线性动力系统中各种运动状态的定量和定性规律，特别是运动模式演化行为的科学，近年来，非线性动力学在理论和应用两个方面均取得了很大进展。

　　微弱信号检测是指对湮没在背景噪声中的微弱信号的测量与识别，微弱信号本身的变化、背景和测量电路噪声的影响限制了它的测量灵敏度。微弱信号检测在物理、化学、生物医学、地质勘探、水声探测、雷达勘测、旋转机械等领域中都有广泛的应用，因此引起了各个领域专家、学者的广泛关注。传统的微弱信号检测方法可以分为基于时域的方法、基于频域的方法、基于时频域的方法，这些方法在检测强噪声下的微弱信号时都存在某种局限性。混沌系统对微弱信号具有敏感性并且对噪声具有免疫力，使得混沌理论在微弱信号检测方面具有独特的优势和良好的发展前景。

　　本书关于非线性动力学应用于微弱信号检测的研究结果，是作者近年来从事非线性动力学在微弱信号检测、机械早期故障诊断及相关领域研究成果的综合和提炼，在一定程度上反映了该领域研究方面的最新进展。

　　全书共 11 章。第 1 章综述微弱信号检测方法，论述了混沌理论的发展及应用，基于混沌理论的微弱信号检测方法及研究现状。第 2 章介绍了随机共振理论，论述了基于随机共振的微弱信号检测，研究了基于 Duffing 振子的随机共振并将其应用于微弱信号检测。第 3 章介绍了混沌的基本概念与基本特征，介绍了研究混沌的主要方法和几种典型的混沌动力学系统。第 4 章描述了基于 Duffing 振子的微弱信号检测，建立了含周期干扰信号的 Duffing 方程，并将 Duffing 振子用于微弱信号检测分析，论述了周期干扰信号对 Duffing 振子微弱信号检测的影响，最后进行了微弱信号检测仿真实验。第 5 章着重描述了基于双耦合 Duffing 振子的微弱信号检测，建立了双耦合 Duffing 振子模型，分析了耦合系数与动力学行为之间的关系以及分岔图，建立了 Simulink 仿真模型，进行了基于双耦合 Duffing 振子的微弱正弦信号以及微弱脉冲信号检测实验。第 6 章论述了基于耦合 van der Pol-Duffing 振子的微弱信号检测，建立了耦合 van der Pol-Duffing 系统模型，分析了不同系统参数对动力学行为的影响，介绍了利用分岔图与二分法确定系统临界阈值的方法，进行了耦合 van der Pol-Duffing 系统微弱信号检测实验。第 7 章论述了改进的基于 van der Pol-Duffing 振子微弱信号检测方法，对 van der Pol-Duffing 振子进行了改进，介绍了基于互相关技术的微弱信号检测方法，最后将 van der Pol-Duffing 振子和互相关相结合，进行了微弱信号检测仿真实验。第 8 章论述了基于 Holmes-Duffing 振子的微弱信号检测，分析了 Holmes-Duffing 振子参数对检测的影响，研究了 Holmes-Duffing 振子参数的确定方法。第 9 章介绍了基于混沌振子的微弱信号检测方法与其他微弱信号检测技术的结合，通过与变尺度法以及盲域消除法相结合，进一步提高基于混沌振子的微弱信号检测方法的性能。第 10 章进行了基于混沌振子的机械设备早期微弱故障信号检测实验，依托石家庄铁道大学交通工程结构力学行为与系统安全省部共建国家重点实验室，在旋转机械振动及故障模拟试验台进行了轴承早期故障实验，然后利用混沌振子对轴承早期故障微弱信号进行了检测，实验结果表明，基于混沌振子的微弱信号检测方法在微弱故障信号检测方面具有较好的效果。第 11 章是总结与展望，对基于非线性动力学的微弱信号检测以后的研究方向进行了展望。

感谢科学出版社给本书的出版提供机会，感谢国家自然科学基金 (11790282，11972236，11172182，11472179)、国家自然科学基金高铁联合基金项目(U1534204)对本课题的资助。

感谢研究生王晓东、赵波、石兆羽为本书所做的工作，感谢实验室陈恩利、刘永强、马新娜、李韶华、顾晓辉等老师对实验工作的支持与帮助。另外，本书还参考了国内外很多专家和同行学者的论文及专著，实验研究中得到很多老师和研究生的大力支持，在此一并表示感谢。

由于作者水平有限，加之时间仓促，本书不足之处敬请读者谅解并批评指正。

作　者

2020 年 1 月于石家庄铁道大学

目　　录

第 1 章 微弱信号检测概述

1.1 研究背景与意义

微弱信号是指幅值很小、能量很低的信号, 故在强烈的噪声背景下, 不易被测量, 而且测量时还会受传感器和测量仪器精度的限制, 导致无法将微弱信号精确地检测出来。研究微弱信号检测技术, 具有很重要的价值和意义 [1-3]。微弱信号检测技术是国内外学者一直研究的一门技术学科, 它是运用电子学、物理学和信息论等各学科相结合的方法, 来分析信号产生的原理及规律, 检测出湮没在噪声背景下的微弱信号。随着信号处理技术的深入研究, 目前已经涌现出各种各样的方法, 在一定程度上解决了信号检测的难题, 但是对于像地震波信号、通信脉冲信号、旋转机械振动信号等, 仍然缺乏一套系统性的微弱信号检测方法。由于每种类型的信号都有各自的产生机理和不同的特点, 因此想要设计一套适合所有类型信号的检测系统几乎是不可能的, 微弱信号很难检测的主要原因是噪声的干扰, 微弱的信号湮没在强烈的随机噪声中, 很难进行提取与检测。即使采用精良的仪器进行检测, 也会有一些来自传感器和测量仪器的干扰, 测量仪器的精度和操作不当, 都会使得检测精度或多或少受到影响。在机械设备中微弱信号大多数属于早期故障信号, 因此对机械故障早期微弱信号检测的研究, 可以提前预测故障的发生, 防止后期产生较大故障进而给企业带来巨大损失。微弱信号检测属于信号处理领域很难攻克的难题, 也是测量技术领域中的尖端学科, 对于推动社会进步、科技发展具有重要的应用价值。

随着微弱信号检测方法在物理、化学、生物医学、机械早期故障诊断、地质勘探、水声探测、雷达勘测等各领域中的广泛应用, 各个领域专家、学者广泛关注并潜心致力于该方法研究, 取得了一些非常有价值的成果, 推动了社会科学技术的快速发展。利用一些具有普遍应用价值的理论方法, 一些商家已逐渐制成一系列微弱信号检测仪器应用在实际生活中。1962 年, 美国 EG & G PARC 公司制造的第一台锁相放大器 [4], 使微弱信号检测技术得到突破性的进展, 能够成功地提取湮没在噪声中的信号, 这使人们看到了微弱信号检测技术的希望, 激发了科研工作者对微弱信号检测技术的研究热情。随着科研工作者的不断努力奋斗, 涌现出一些崭新的检测理论和方法, 人们研制出一些更加优良的测量仪器 [5,6], 使微弱信号检测技术在推动社会进步发展中取得了瞩目的成就。目前常用的微弱信号检测方法主要有相关检测法、小波变换 (wavelet transform, WT)、随机共振、同步累积法、功率谱分析、神经网络、自适应滤波等, 但是这些方法只适合自身条件下的信号处理,存在一定的局限性。另外，在系统仿真实验中，对噪声的选取一般都是白噪声，而在实际的工程信号检测系统中，不存在绝对的白噪声，都是有色噪声，因此使有些算法应用起来比较困难。近十年来，对微弱信号检测技术提出了更高的要求，混沌理论的研究领域不断扩大，逐渐深入到生物学、医学、社会科学、自然科学以及旋转机械故障诊断方面，已经有大量文献证实混沌理论被成功地应用于微弱周期信号检测 [7-10]，并取得了很好的效果。

理论应用于实践是现阶段混沌学 [11,12] 发展的主要趋势。混沌系统对微弱信号具有敏感性以及对噪声具有免疫力 [13,14]，这两点是混沌用于微弱信号检测优于传统方法的地方，也使得混沌理论在微弱信号检测应用方面具有很好的发展前景。基于混沌信号的检测主要分为三类：一是检测混沌信号，即从噪声背景中提取混沌；二是抑制噪声，即将相互干扰的混沌和噪声进行分离；三是检测有用信号，即利用混沌系统对微弱信号的敏感性和对噪声的免疫力两大特性，实现在强噪声背景下的微弱信号检测。以上三种分类，都有与之相对应的检测分析方法，但是都不成熟，还需要更加深入的研究。总的来说，目前所有的检测方法，仅是有针对性地解决了某些信号处理问题，对于各种类型的仿真信号及工程实际信号而言，仍然缺乏一套系统的、完整的理论和方法，所以目前对于微弱信号检测的研究还有许多工作要做。现在，科研工作者正努力将混沌理论与工程领域相结合，不仅为混沌理论研究提供一个新的方向，也为工程实践提供新的方法和理论基础。

1.2 微弱信号检测技术的研究现状

微弱信号检测的目的是提取出湮没在噪声中的微弱信号并尽可能地降低信噪比 (signal to noise ratio, SNR) 门限，其主要任务是创新理论和方法，研发新设备，使其在众多研究领域的应用更加广泛 [15]。

对于何为微弱信号主要有两种定义 [16]：一种是有用信号具有很小的幅值，另一种是有用信号的幅值跟背景噪声相比较来说很微弱。在信号处理领域，微弱信号检测技术是发展新兴技术和研究自然规律的重要工具，对科技创新和生产实践具有重要意义。比如，设备刚出现故障时所出现的有用信号，该信号不仅幅值很小，还经常会被强噪声所湮没，微弱信号检测技术的关键就是如何提取出湮没在噪声中的有用微弱信号。

针对如何检测微弱信号，人们对生成噪声的原因和分布规律进行了长期的研究，并运用统计理论和相关技术等多种手段最大限度地消除噪声带来的干扰，从而达到识别和提取微弱信号的目的。微弱信号检测方法经历了不同的阶段：从最初的时域检测法到频域检测法，再到时频分析检测法，目前发展到基于非线性动力学理论的检测方法。很多检测方法也随着研究的不断深入在工程中的应用越来越广泛。

1.2.1 基于时域的微弱信号检测方法

在时域检测方法当中,时域平均法、相关检测法、取样积分与数字式平均法比较常用[17-19]。对于被噪声污染的信号,时域平均法以一定的周期作为间隔对信号进行截取,然后进行叠加平均,从而达到除去非周期分量及随机干扰的目的,同时保留了确定的周期成分。对微弱信号进行预处理时可考虑此方法[20]。

对微弱周期信号和噪声作相关性分析的方法称为相关检测法[21,22]。在不同时刻对周期信号和噪声进行取值,发现周期信号的取值相关性较强,噪声的取值则具有较强的不确定性,相关性较弱,相关检测法通过这一区别可提取出湮没在噪声中的微弱周期信号。该方法包括互相关检测法和自相关检测法。互相关检测法在已知微弱周期信号频率的前提下,对频率一致的微弱周期信号和参考信号作相关运算;自相关检测法是对微弱周期信号本身作相关运算。相比之下,互相关检测法对噪声更能起到抑制作用。1961 年,就如何使用自相关检测法从随机噪声中提取有用的周期信号,Weinreb[23] 在文章中进行了描述;用相关法检测自然流动噪声渡越时间来测定流速的基本理论,英国的 Beck 教授于 1987 年在 Bradford 大学进行了确立[24];袁佳胜等[25] 用相关分析与小波变换相结合的方法,成功诊断出齿轮裂纹故障。

取样积分与数字式平均法利用周期信号具有重复性这一特点在各个周期内对信号进行部分取样,对每个周期中位置相同的取样信号进行积分运算或平均运算[26],该方法可以使用模拟电路来完成取样积分,通过数字处理方式来达到数字式平均的目的。1962 年,美国学者 Klein 在实验室中发明了 BOXCAR 积分器,它是使用电子技术实现了取样积分。文献 [27,28] 分别使用了不同的时域平均算法对不同的机械设备进行了检测,主要有柴油机和齿轮减速箱,都取得了良好的检测效果。文献 [29] 同样也是使用了时域平均算法,极大地消除了噪声对诊断结果的影响,这种方法的有效性在对单机齿轮箱的齿轮进行故障检测时得到验证。

1.2.2 基于频域的微弱信号检测方法

频谱分析法是经常使用的一种频域检测方法,它通过傅里叶变换用频率坐标轴来表示信号的相位、幅值等信息,进而研究信号的频率特性。快速傅里叶变换算法的首次发表是在 1965 年,科里-图基在 *Computational Mathematics* 期刊上第一次提出,实现了信号处理从时域分析到频域分析的重要转变。

频谱分析法以前常被用来研究平稳随机过程,最为常见的是功率谱分析法[30-32]。一般是先将较长的数据分割,使分割后的数据可以很好地被 DSP 处理,然后使用快速傅里叶变换对分割后的数据块进行处理,将变换后的数据的能量进行积分和平均,进而得到了信号的功率谱密度。功率谱密度比快速傅里叶变换易于在 DSP 的仪器中实现。

1.2.3　基于时频域的微弱信号检测方法

对非平稳信号进行分析时，时频分析法是比较理想的处理手段 [33]。通过该方法可获得时域和频域的联合分布信息，还能够对信号频率与时间的关系进行详细的描述。时频分析法的基本思路是依据时间和频率建立一个联合函数，该函数被称作时频分布，可用来描述不同时间和频率下信号的能量密度或强度。通过时频分析法处理信号不仅能获得任意时刻的幅值和频率，还能进行时频滤波以及研究时变信号。短时傅里叶变换、小波变换、Hilbert-Huang 变换等都是常用的时频分析方法。

短时傅里叶变换：由于时域和频域的局部化矛盾，短时傅里叶变换应运而生。其基本思想是：频域分析的基本方法是快速傅里叶变换 (FFT)，为了达到时域上的局部化，将 FFT 与时间有限的窗函数相乘，将非平稳信号看作在短时间内是平稳的，这样将其截成许多段，然后再用 FFT 分析每个小段数据得到局部频谱，以便于了解其时变特性。

小波变换：小波变换是一种新的时频分析方法，它继承和发展了短时傅里叶变换局部化的思想，同时又克服了窗口大小不随频率变化的缺点，能够提供一个随频率改变的"时间–频率"窗口，是进行信号时频分析和处理的理想工具。

时域检测法、频域检测法和时频分析方法都是以线性理论为基础发展起来的检测手段，每种方法的研究都有了阶段性成果，为理论应用于工程实际奠定了基础，为信号检测领域提供了技术支持。但随着研究领域不断地扩大，传统方法的检测效果渐渐不能满足人们的要求，由于它们存在一定的局限性，只能检测符合自身条件的微弱信号，同时这些方法在去噪时还会对有用信号造成一定损失。再者，在工程实际中不仅存在白噪声，还有色噪声，这些都使得传统微弱信号检测方法应用起来比较困难。对于深埋在随机噪声中的脉冲信号、振动信号和地震波信号，传统方法无法完成检测，即便使用高精度检测仪器，也会因为条件限制和测量仪器产生的误差使检测受到影响。

随着对非线性理论的研究越来越深入，人们开始利用基于非线性动力学理论的方法来检测不平衡或不稳定状态下的微弱信号。混沌理论检测法、神经网络、随机共振、高阶谱分析等都是基于非线性理论的微弱信号检测方法 [34]。本兹和尼克利等最先提出随机共振理论，随后使用这种技术对信号进行处理得到越来越广泛的关注。为了达到辨别微弱信号的目的，这种方法产生的输出和人们熟知的力学共振输出类似，利用非线性系统在输入信号和噪声的协同作用下产生共振输出，从而达到检测微弱信号的目的。传统的检测方法由于理论的限制，在进行信号处理时都是在抑制噪声，然而在抑制噪声的同时，有用的微弱信号不可避免地也遭到了损失。而随机共振则是利用噪声来检测微弱信号，因此这种方法与传统微弱信号检测方法有本质的不同，是对传统微弱信号检测方法的一次革命。

利用混沌振子进行微弱信号检测的主要优势在于混沌本身对初值的敏感性和具有良好的抗噪能力[35-40]，能够避免有用信号被削弱。基于混沌振子的微弱信号检测原理是：在混沌振子方程中加入微弱的被测周期信号后，观察系统相图是否发生由混沌状态到大尺度周期状态的转变，若相变发生则可以认为有微弱信号的存在；若没有发生则认为微弱信号不存在。这种方法的优点是：利用了混沌系统对微弱信号的敏感性，不必去除噪声就可以很好地检测出微弱信号。这种检测方法的缺点是：精确的阈值难以确定 (混沌状态跃变到大周期状态的阈值)，由于目前解析理论方法的限制，尚没有方法确定精确的解析阈值，因此一般情况下只能使用实验方法进行确定，就是多次改变系统参数，然后人工观察相图的变化，当系统的运行轨道相图由混沌状态跃变到大周期状态时，就将所对应的摄动信号幅值确定为此参数系统下的阈值。显而易见，利用这种方法来确定阈值的效率是比较低的，而且由于是主观判断，所以误判现象有可能发生。其次，根据系统相图判断系统处于混沌状态还是大周期状态，判别不够准确，容易出现误判。这种误判是指：有时把系统的混沌状态误认为大周期状态。造成这种误判的原因是仿真的时间限制，若仿真时间太长，就会造成非常低的效率，若仿真时间不能让系统从混沌态跃变到周期态，就会造成误判。所以，这种方法的主要问题是主观臆断造成的误判和仿真时间较长造成的效率较低。

表 1.1 归纳总结了上述几种检测方法的特点和使用范围。

表 1.1   微弱信号检测方法的特点和使用范围

	检测方法	特点	使用范围
时域检测法	时域平均法	输入信噪比门限高	在某一周期内发生多次冲击的信号
	相关检测法	微弱周期信号频率已知	微弱周期信号
	取样积分与数字式平均法	检测时间长且效率低	周期信号
频域检测法	功率谱分析法	检测不到非平稳信号所具有的相位信息	平稳随机信号
时频分析方法	短时傅里叶变换	非平稳信号波形变化剧烈时，分析存在不足	非平稳信号
	小波变换	能够对噪声和信号突变部分进行有效区分	非平稳信号

续表

检测方法	特点	使用范围
混沌理论	对初值敏感且具有良好的抗噪能力	强噪声中的微弱周期信号
神经网络	具有自学习功能、联想储存功能和寻找优化解的能力	低频微弱信号及非线性系统的故障诊断等
随机共振	利用噪声能量向信号能量转移	中频电源故障信号
高阶谱分析	计算量太大	无线电信号处理及海洋波分析等

(左侧纵向表头：基于非线性理论的方法)

1.3 混沌理论的发展及应用

20 世纪 60 年代初期，随着信息科学的快速发展以及计算机技术的广泛使用，混沌理论应运而生，人们对混沌理论的认识是非线性科学的主要成就之一 [41]。混沌现象是指存在于确定性系统中的不确定性行为。对非线性动力学系统而言，混沌是其所固有的属性，在非线性系统中混沌是普遍存在的。线性系统通常用牛顿确定性理论来处理，而线性系统基本上都是非线性系统简化得到的，因此在我们所生活的物质世界和实际工程技术问题中，很多地方存在混沌现象。

研究混沌的最初目的是在实际当中抑制和控制混沌信号或避免出现混沌现象，现在学术界十分重视混沌理论的研究，并认为混沌引起了基础科学的第三次革命 [42,43]，人们已经从最初对混沌现象简单的认识转变为主动驾驭混沌的特性，已经在生物医学、信号检测、保密通信、故障诊断等诸多领域对混沌理论进行了研究和应用。

早在 1890 年，Poincaré[44] 就注意到天体之间的吸引力在相互作用下会产生复杂的行为即混沌现象，在这之后 Brikhof 针对动力学系统提出了拓扑理论和遍历理论，1960 年前后 Moser[45]、Arnold[46] 和 Kolmogorov[47] 利用保守系统研究天体力学使混沌理论研究有了重大突破，他们在对保守系统 (哈密顿 (Hamilton) 系统) 的运动平稳性进行了深入研究后提出了 KAM 定理 [48]，为研究保守系统的 KAM 环面破坏和混沌运动提供了理论基础。1963 年，《大气科学》期刊刊登了 Lorenz[49] 的文章《决定性的非周期流》，该文章指出天气预报者的无能为力与气候不能准确地重演之间表现出了不可预知性和非周期的联系。Lorenz 还发现用于研究气候的混沌模型会产生随机行为，并且对初始条件极其敏感，从而使相同状态的气候系统向着状态完全不同的方向演变，给天气预报者带来了挑战，这可以用 "蝴蝶效应" 来说明：南美原始森林的一只蝴蝶扇一下翅膀就能够使很远的一个地方发生风暴，造成无法进行长期预测的后果。1971 年，科学家在研究耗散系统的过程中发现了奇异吸引子，例如，Henon 吸引子和 Lorenz 吸引子。1975 年，美裔华人 T. Y. Li 和其导师 J. A. York 发表的论文《周期 3 意味着混沌》第一次对混沌理论进行了正式的表述，并指出存在周期 3 的任意一维系统肯定包含有其他长度的周期，完全的混沌也能够呈现出来，chaos 一词也被第一次正式使用 [50]。

人类对大脑更深入的了解也得益于对混沌理论的研究，众多学者认为人类的思维过程始于混沌，止于有序，并且在人类感官输入的低层，混沌发挥着重要作用。因此研究大脑混沌可以把混沌和人工神经网络结合在一起，使人工神经网络的模拟功能进一步加强。

如今混沌理论在很多领域的应用都显示出了其独特的优势。由于混沌信号具有类随机性以及在时间和空间上的多样性，因而在保密通信技术方面可以把信息信号和混沌信号同时进行传输从而生成混合信号以达到保护信号的目的，对混合信号进行解密即可获得信息信号，线性滤波对此类混合信号很难进行提取。在生物医学工程领域可利用混沌理论分析心脏脉搏跳动是否异常来诊断疾病，并且在基因序列分析、激光手术、脑电波等方面对混沌理论的研究也取得了一系列理论成果和技术成果。在旋转机械早期微弱故障诊断方面，也对混沌理论应用进行了一定的研究，在特定情况下可将混沌理论和其他方法结合起来提取微弱的故障信号。混沌理论在各个领域所取得的进展都体现了它的应用价值 [51-54]。

在研究确定性系统时发现混沌改变了人们对宇宙一成不变的看法，即认为宇宙是一个可以预测的系统，绝大多数的动力系统是非线性的，具有周期运动和混沌运动。有序与无序共同存在于混沌运动之中，二者互相交叉，没有明确的界限，混沌则是有序与无序之间的过渡体，郝柏林院士把混沌运动的这一特殊现象命名为"混沌序"。由此可知，混沌系统是有序与无序的统一体。

1.4 基于混沌理论的微弱信号检测方法及其研究现状

如今人类的探索范围越来越广，需要研究的信号也越来越弱，要想更深入地认识和改造自然就势必要借助新的微弱信号检测手段，因此寻找新的检测方法的重要性在各个领域日益凸显。在混沌理论还没有被提出之前，传统的信号检测方法把噪声看成随机信号加以分析，在 Leung 以及 Haykin 等 [55-57] 发现具有混沌特征的海杂波后，传统的微弱信号检测法受到了极大的冲击，同时意味着检测微弱信号有了新的手段 —— 混沌理论，他们还利用海杂波的混沌模型和神经网络技术检测出了海杂波中的微弱信号。随着对混沌理论的深入研究及其在众领域的应用，更多的人用混沌理论对微弱信号进行检测，取得了满意的效果。

利用混沌系统检测微弱信号，一则是对已有方法的补充，二则能够有效地提高对有用信号的检测性能。对微弱信号检测来说，混沌系统的判别至关重要，判别混沌系统的主要方法是系统是否有周期态与混沌态之间的转变。目前为止，基于混沌理论的信号检测法主要分为两个研究方向。

一是混沌背景下微弱信号的检测。噪声被传统的微弱信号检测方法当作随机信号，然而对混沌现象进行深入研究后发现，混沌信号看似随机，实则有着内在的规律性。这是因为确定性系统生成的混沌信号都属于类随机信号，内部包含着确定性因素，因而能够对混沌信号进行短期的预测，从而为深埋于混沌噪声背景信号中的微弱信号提供了新的检测方法。

为了检测混沌噪声背景信号中的微弱信号，首先利用混沌信号的短期可预测性，接收信号后构造背景噪声的相空间以及混沌预测模型，随之把混沌背景信号从接收信号中去除，从而完成微弱信号检测。该检测方法的重点在于构造相空间，可以从包含系统信息的时间序列信号中构造混沌吸引子的相空间，从而还原出原系统的结构。

二是应用混沌系统对微弱信号进行检测。该检测方法凭借混沌系统对参数变化非常敏感这一优势来达到检测微弱信号的目的。主要检测步骤为：首先调整系统参考信号的幅值，使其处于系统的临界阈值，此时系统的状态处于由混沌态向周期态转变的临界状态，然后把待检信号当作参考信号的一部分引入系统，可根据系统是否发生相变即由混沌态跃迁到大尺度周期态来判断待检信号中是否包含有用的微弱信号 [58-61]。

相比于传统检测方法，应用混沌理论检测微弱信号的优势在于对微弱信号的敏感性和对噪声的免疫力，这两大特性使得混沌理论在信号处理领域具有很好的发展前景。

混沌理论刚兴起之时，国内外一些学者就开始应用混沌振子检测微弱信号，取得了突破性成果。1992 年，美国学者 Birx 等 [62] 利用混沌理论成功地把微弱信号从噪声中检测出来，将微弱信号检测理论和混沌理论结合在了一起，但是并未做更深一步的研究。1997 年，Short[63] 利用混沌信号在短时间内可进行预测的特性提取了混沌通信系统中的加密信号。Chance M. Glenn 与 Scott Hayes[64] 对如何通过混沌轨迹检测微弱信号进行了介绍。1996 年，Leung 运用 minimizing the phase space volume (MPSV) 理论分析了混沌噪声背景下微弱信号的频率估计和自回归模型 (autoregressive model，AR 模型) 参数估计，并提取出了与混沌噪声混合在一起的微弱信号。1998 年，Simon Haykin[65] 为了提高混沌背景下微弱信号的检测精度，通过径向基函数神经网络搭建检测模型，推动了混沌检测理论的进一步发展。

国内，王冠宇等 [66,67] 通过 Duffing 振子检测系统实现了对信噪比更低的微弱信号的检测。鉴于之前应用混沌理论进行微弱信号检测都是在白噪声背景下完成的，李月等 [68,69] 应用混沌振子检测了色噪声中的微弱信号，进一步扩大了混沌检测法的使用范围。不仅如此，李月还对耦合 Duffing 振子进行了研究，与单 Duffing 振子系统相比，稳定性更高，抗干扰能力更强。由于雷达等设备在进行数字处理时会使用到复信号，邓小英等 [70] 在实域 Duffing 振子的基础上提出了复 Duffing 振子，能够很好地完成对微弱复信号的检测。为了克服 Duffing 振子只能对特定频率的微弱信号进行检测的问题，吴继鹏等 [71] 提出了变尺度逆相变的检测方法，该方法通过一组固定参数就能检测出任意频率的微弱周期信号。刘林芳等 [72] 在 Duffing 振子检测原理的基础上提出了一种新的检测方法，该方法去除了振子中的参考信号，直接把微弱信号输入 Duffing 振子检测系统，然后对输出结果作频谱分析，可以检测不同频率的微弱信号。国内还有学者将传统检测方法和混沌振子结合起来对微弱信号进行检测。例如，张勇等 [73] 将小波理论和混沌振子结合起来对微弱信号进行检测，取得了较好的效果，检测能力也得到了进一步的提升。聂春燕和石要武 [74] 利用混沌理论和互相关理论检测微弱信号，仿真实验表明该方法进一步降低了微弱信号的信噪比门限。现阶段混沌研究开始由理论向实践发展。吕志民等 [75] 应用混沌理论检测出了故障轴承中的故障特征信号。李久彤等 [76] 利用间歇混沌完成了对齿轮早期故障的诊断。混沌理论用于微弱信号检测大大地降低了检测设备的成本，为信号检测提供了新的方法，改进了传统的微弱信号检测方法，随着对该领域的研究日益深入，应用混沌理论产生的实用价值将进一步增大。

在过去的十多年中，虽然混沌信号处理作为新兴学科得到了众多学者的关注，但是对它的研究还不够成熟，在微弱信号检测方面还处于起步阶段，但它的优势和潜力不容忽视。结合现有的研究，利用混沌理论检测微弱信号主要存在以下问题：

(1) 根据混沌振子的相轨迹判断微弱信号是否存在的方法并不精确，如何解决精确判据问题是当前的重要课题。

(2) 混沌理论的大部分研究都处于实验仿真阶段，如何理论应用于实践是研究的方向之一。

(3) 能否找到检测和提取各类微弱信号的方法，并进一步提高检测系统对噪声的免疫力。

参 考 文 献

[1] 高晋占. 微弱信号检测 [M]. 北京: 清华大学出版社, 2004.

[2] Schepers H, Beek J H G M, Bassingthwaighte J B, et al. Four methods to estimate the fractal dimension from self-affine signals[J]. IEEE Eng Med Biol, 1992, 11(2): 57-64.

[3] 于丽霞, 王福明. 微弱信号检测技术综述 [J]. 信息技术, 2007, 10(2): 115-116.

[4] 戴冲, 姜向东. 基于混沌振子的微弱信号检测 [J]. 微计算机信息, 2008, 24(10): 122-123.

[5] 戴逸松. 微弱信号检测方法及仪器 [M]. 北京: 国防工业出版社, 1994.

[6]　Dykman M I. High frequency stochastic resonance in periodically driven systems[J]. JETP Letters, 1993, 58(3): 150-156.

[7]　Birxd L, Pipenberg S L. Chaotic oscillator and complex mapping feed for war (CMFF-NS) for signal deteetion in noisy environments[C]// Internation Joint Conference on Neural Networks. New York: IEEE Press, 1992: 881-888.

[8]　Deng X Y, Liu H B, Long T, A new complex Duffing oscillator used in complex signal detection[J]. Mathematical Problems in Engineering, 2012, 17(6): 2185-2191.

[9]　杨海博, 王海燕. 一种新的微弱未知信号混沌振子检测法 [J]. 计算机应用研究, 2012, 29(3): 1073-1074.

[10]　Babazadeh H, Askari S, Safaian A, Razfar M. Application of analytical method to weak global positioning system signal[J]. Progress in Electromagnetics Research Symposium Proceedings, 2010, 5(8): 984-990.

[11]　李月, 杨宝俊. 混沌振子检测引论 [M]. 北京: 电子工业出版社, 2004.

[12]　龙运佳. 混沌振动研究方法与实践 [M]. 北京: 清华大学出版社, 1996.

[13]　Zheng S Y, Guo H X, Li Y A, et al. A new method for detecting line spectrum of ship-radiated noise using Duffing oscillator[J]. Chinses Scienece Bulletin, 2007, 52(14): 1906-1912.

[14]　陈新国, 王洁芸. 混沌振子在不同初值下检测弱信号的性能分析 [J]. 仪器仪表学报, 2012, 16(6): 2857-2862.

[15]　聂春燕, 石要武, 刘振泽. 混沌系统测量 nV 级正弦信号方法的研究 [J]. 电工技术报, 2002, 17(5): 87-90.

[16]　罗晓曙. 混沌控制、同步的理论与方法及其应用 [M]. 桂林: 广西师范大学出版社, 2007.

[17]　刘秉正. 非线性动力学与混沌基础 [M]. 长春: 东北师范大学出版社, 1994.

[18]　郭彬. 基于 Duffing 混沌系统的微弱信号检测方法研究 [D]. 吉林: 吉林大学, 2007.

[19]　刘红星, 屈梁生, 左洪福, 等. 信号时域平均处理的新算法 [J]. 振动工程学报, 1999, 12(3): 344-347.

[20]　张森文, 曹开彬. 随机振动响应计算的精细积分时域平均法 [J]. 振动工程学报, 1999, 12(3): 367-373.

[21]　兰羽, 王纳林. 取样积分器在激光外差测厚系统中的应用 [J]. 国外电子测量技术, 2012, 31(7): 35-37.

[22]　吉李满, 张海军. 基于互相关的信号检测研究与实现 [J]. 吉林工程技术师范学院学报, 2004, 20(6): 39-41.

[23]　Weinreb S. Digital radiometer[J]. Proc IEEE, 1961, 49(6): 1099-1120.

[24]　Beck M S, Plaskowski A. Correlation flowmeters: Their design and application[J]. Adam Hilger, 1987: 115-121.

[25]　袁佳胜, 冯志华. 基于相关分析与小波变换的齿轮箱故障诊断 [J]. 农业机械学报, 2007, 38(8): 120-123.

[26] 陈韶华, 相敬林. 一种改进的时域平均法检测微弱信号研究 [J]. 探测与控制学报, 2003, 25(4): 56-59.

[27] 余钦为, 冯庚斌, 谭明达, 等. 柴油机振动诊断的微机实现 [J]. 小型内燃机, 1995, 24(2): 42-45.

[28] 肖志松, 唐力伟, 王虹, 等. 时域平均在行星齿轮箱故障诊断中的应用 [J]. 河北工业大学学报, 2003, 32(6): 99-102.

[29] 康海英, 栾军英, 崔清斌, 等. 基于时域平均的齿轮故障诊断 [J]. 军械工程学院学报, 2006, 18(1): 34-36.

[30] 赵吉祥, 陈超婵, 王欢, 等. 微弱电信号检测方法回顾 [J]. 中国计量学院学报, 2009, 20(3): 201-210.

[31] 李志华. 功率谱估计在微弱信号检测中的应用 [J]. 大连海事大学学报, 1998, 24(1): 102-104.

[32] 王凤瑛, 张丽丽. 功率谱估计及其 MATLAB 仿真 [J]. 微计算机信息, 2006, 22(31): 287-289.

[33] 葛哲学, 陈仲生. Matlab 时频分析技术及其应用 [M]. 北京: 人民邮电出版社, 2006.

[34] 黄润秋, 许强. 非线性理论在工程地质中的应用 [J]. 中国科学基金, 1996, (2): 79-84.

[35] 周东华, 孙优贤, 席裕庚, 等. 一类非线性系统参数偏差型故障的实时检测与诊断 [J]. 自动化学报, 1993, 19(2): 184-189.

[36] Lai Z H, Leng Y G. Weak-signal detection based on the stochastic resonance of bistable Duffing oscillator and its application in incipient fault diagnosis[J]. Mechanical Systems & Signal Processing, 2016, 81: 60-74.

[37] Wu Y F, Zhang S P. Weak signal detection based on unidirectionaldriving nonlinear coupled Duffing oscillator[J]. Science Technology and Engineering, 2011, 11(19): 4605-4608.

[38] 韩建群. 一种减小 Duffing 系统可检测断续正弦信号频率范围的方法 [J]. 电子学报, 2013, 41(4): 733-738.

[39] 张瑜, 贺秋瑞. 基于混合系统的微弱信号参数提取方法 [J]. 舰船科学技术, 2013, 35(2): 13-16.

[40] Gao Z B, Liu X Z, Zheng N. Study on the method of chaotic oscillator in weak signal detection[J]. Journal of Chongqing University of Posts and Telecommunications, 2013, 25(4): 440-444.

[41] 陈奉苏. 混沌学及其应用 [M]. 北京: 中国电力出版社, 1998.

[42] 王丽霞. 混沌弱信号检测技术 [D]. 哈尔滨: 哈尔滨工业大学出版社, 2011.

[43] 郝柏林. 混沌现象的研究 [J]. 中国科学院院刊, 1988, (1): 5-14.

[44] 吴祥兴, 陈忠. 混沌学导论 [M]. 上海: 上海科学技术文献出版社, 1996.

[45] Moser J. On invariant curves of area-preserving maps of an annulus[J]. Matematika, 1962, 6(5): 51-68.

[46] Arnold V I. Proof of A. N. Kolmogorov's theorem on the preservation of quasi-periodic motions under small perturbations of Hamiltonian[J]. Russian Math Surveys, 1963, 18: 9-36.

[47] Kolmogorov A N. On conservation of conditionally periodic motions for a small change in Hamilton's function[J]. Dokl Akad Nauk Sssr, 1954: 527-530.

[48] Cheng C Q, Sun Y S. Existence of KAM Tori in degenerate Hamiltonian systems[J]. Journal of Differential Equations, 1994, 114(1): 288-335.

[49] Lorenz E N. Deterministic nonperiodic flow[J]. J Atoms Sci, 1963, 20(1): 130-141.

[50] 龚礼华. 对 "周期 3 意味着混沌" 的研究 [J]. 达县师范高等专科学校学报, 2004, 14(2): 25-26.

[51] Ruelle D, Takens F. On the nature of turbulence[J]. Communications in Mathematical Physics, 1971, 20(3): 167-192.

[52] 王永生, 姜文志, 赵建军, 范洪达. 一种 Duffing 弱信号检测新方法及仿真研究 [J]. 物理学报, 2008, 57(4): 2053-2059.

[53] 王晓东, 杨绍普, 赵志宏. Duffing 振子和 van der Pol 振子耦合的动力学行为分析 [J]. 石家庄铁道大学学报 (自然科学版), 2015, 28(4): 53-57.

[54] 梁倩. 微弱信号的混沌检测方法 [D]. 西安: 西北工业大学, 2007.

[55] Haykin S, Leung H. Model reconstruction of chaotic dynamics: First preliminary radar results[C]// International Conference on Acoustics, Speech, and Signal Processing. IEEE, 1992, 4: 125-128.

[56] Leung H, Dubash N, Xie N. Detection of small objects in clutter using a GA-RBF neural network[J]. Aerospace and Electronic Systems IEEE Transactions on, 2002, 38(1): 98-118.

[57] Leung H, Lo T. Chaotic radar signal processing over the sea[J]. IEEE Journal of Oceanic Engineering, 1993, 18(3): 287-295.

[58] 谢涛, 曹军威, 廉小亲. 混沌振子弱信号检测系统构成及响应速度研究 [J]. 计算机工程与应用, 2015, 51(9): 16-21.

[59] 时培明, 孙彦龙, 韩东颖. 基于双耦合混沌振子变尺度微弱信号检测方法研究 [J]. 计量学报, 2016, 37(3): 310-313.

[60] Deng, X Y, Liu H B, Long T. A new complex Duffing oscillator used in complex signal detection[J]. Chinese Science Bulletin, 2012, 57(17): 2185-2191.

[61] Gao Z, Liu X, Zheng N. Study on the method of chaotic oscillator in weak signal detection[J]. Journal of Chongqing University of Posts and Telecommunications, 2013, 25(4): 440-444.

[62] Birx D L, Pipenberg S J. Chaotic oscillators and complex mapping feed forward networks (CMFFNs) for signal detection in noisy environments[C]// International Joint Conference on Neural Networks. IEEE, 1992, 2: 881-888.

[63]   Short K M. Signal extraction from chaotic communications[J]. International Journal of Bifurcation and Chaos, 1997, 7(7): 1579-1597.

[64]   Glenn C M, Hayes S. Weak signal detection by small-perturbation control of chaotic orbits[C]// International Microwave Symposium Digest. IEEE, 1996, 3: 1883-1886.

[65]   Haykin S, Principe J. Making sense of a complex world [chaotic events modeling][J]. Signal Processing Magazine IEEE, 1998, 15(3): 66-81.

[66]   王冠宇, 陶国良, 陈行, 等. 混沌振子在强噪声背景信号检测中的应用 [J]. 仪器仪表学报, 1997, 18(2): 209-212.

[67]   Wang G Y, Chen D J, Lin J Y. The application of chaotic oscillators to weak signal detection[J]. IEEE Trans. on Industrial and Electronics, 1999, 6(2): 440-444.

[68]   李月, 杨宝俊, 石要武. 色噪声背景下微弱正弦信号的混沌检测 [J]. 物理学报, 2003, 52(3): 526-530.

[69]   李月, 石要武, 马海涛, 等. 湮没在色噪声背景下微弱方波信号的混沌检测方法 [J]. 电子学报, 2004, 32(1): 87-90.

[70]   邓小英, 刘海波, 龙腾. 一个用于检测微弱复信号的新 Duffing 型复混沌振子 [J]. 科学通报, 2012, 57(13): 1176-1182.

[71]   吴继鹏, 曲银凤, 程学珍. 基于 Duffing 振子的微弱信号检测方法研究 [J]. 电子测量技术, 2017, 40(3): 143-146.

[72]   刘林芳, 芮国胜, 张洋, 孙文军. 基于 Duffing 振子的弱信号频率检测研究 [J]. 电子测量技术, 2016, 39(3): 146-150.

[73]   张勇, 纪国宜. 基于混沌振子和小波理论检测微弱信号的研究 [J]. 电子测量技术, 2009, 32(6): 40-43.

[74]   聂春燕, 石要武. 基于混沌检测弱信号的混沌特性判别方法的研究 [J]. 计量学报, 2000, 22(4): 308-313.

[75]   吕志民, 徐金梧, 翟绪圣. 基于混沌振子的微弱特征信号检测原理及应用 [J]. 河北工业大学学报, 1998, 27(4): 13-17.

[76]   李久彤, 姜万录, 王益群. 齿轮早期故障的间歇混沌诊断方法 [J]. 燕山大学学报, 1999, 23(3): 219-222.

第 2 章　基于随机共振的微弱信号检测

随机共振的思想是由 Benzi[1] 在 1981 年首次提出的。在 Benzi 的模型中，地球气候由一个双势阱势函数表示，其中一个极小值代表地球被大面积冰川覆盖时的气温。地球对其轨道离心率的微小调节由一个微弱的周期力表示，短期的气候波动，例如，每年太阳辐射量的波动，是由高斯噪声来模拟的。按照 Benzi 的理论，当噪声强度被调节到满足某一条件时，则与其同步发生的气候在寒冷与温暖两种情况之间的跳跃行为将显著增强地球气候对由调节离心率而造成的微弱刺激的反应。由于绝热近似理论的限制，基于随机共振的方法通常只能检测频率很低的信号 [2]。

随机共振作为一种非常有潜力的信息处理工具受到了研究者的普遍关注。1995 年，Collins[3] 基于 Fitzhugh-Nagumo 神经网络提出了非周期随机共振的理论，推广了随机共振的周期限制条件，尝试了随机共振与信息理论的结合。目前，除了在微弱信号检测方面得到广泛应用外，随机共振在其他领域也得到了成功的应用，包括语音识别 [4]、量子计算 [5]、图像复原 [6] 等。

2.1　随机共振理论

随机共振模型一般包括 3 个基本要素 [7]：① 微弱的输入信号；② 噪声；③ 用于信号处理的非线性系统。以有用信号与噪声的混合信号作为系统输入，经非线性系统处理以后得到输出信号。

随机共振描述了过阻尼布朗粒子在周期性信号和随机噪声的共同作用下，在非线性双稳态系统中所发生的跃迁现象。一般以非线性朗之万方程 [8] 作为研究随机共振的理论模型。

描述双稳态系统的势函数为 $V(x) = -\dfrac{a}{2}x^2 + \dfrac{b}{4}x^4$，以单频正弦信号 $A_0 \sin(2\pi f_0 t)$ 和白噪声 $n(t)$ 模拟周期信号与噪声作为系统的输入信号，则描述此系统的朗之万方程如式 (2.1) 所示：

$$x'(t) + V'(x) = A_0 \sin(2\pi f_0 t) + n(t) \tag{2.1}$$

其中，$a, b > 0$ 为系统势函数的参数；$V'(x)$ 为势函数的导数；A_0, f_0 分别表示正弦信号的幅度和频率；t 为时间；$n(t) = \sqrt{2D}g(t), n(t)$ 代表高斯分布的白噪声，均值为 0，方差为 1，D 是噪声强度；$x(t)$ 是双稳态系统的输出信号，$x'(t)$ 是输出信号对时间的导数。

势函数 $V(x) = -\dfrac{a}{2}x^2 + \dfrac{b}{4}x^4$ 有两个稳定状态 $x_m = \pm\sqrt{a/b}$ 和一个不稳定状态 $x_b = 0$，如图 2.1 所示。

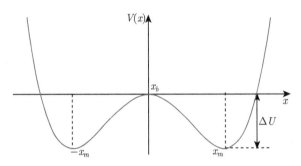

图 2.1 SR (stochastic resonance) 对称双势阱图

在没有调制信号和噪声 $(A_0 = 0, D = 0)$ 时，垫垒高度 $\Delta U = a^2/(4b)$，势能最小值位于 x_m，此时系统的状态被限制在双势阱之一，并由初始条件决定。当 A_0 大于 0 时，整个系统的平衡将被打破，势阱在信号的驱动下，按频率 $\omega = 2\pi f_0$ 发生周期性的倾斜变化，A_0 只要处于临界值 A_c 以下 $(A_c = \sqrt{4a^3/(27b)})$，粒子只能在某个势阱内以相同的频率进行局域的周期性运动，但并不能越过势垒。然而当引入噪声后，发生了由噪声驱动的状态转换，噪声强度越高，转换速率越大。

当输入噪声 D 达到某一值时，由于噪声和信号的协同作用，势阱倾斜程度越来越大，粒子开始从原来的势阱跃迁到另一个势阱。双稳态之间的电压差远大于输入信号的幅值，使得输出信号幅值大于输入信号幅值，起到了对输入信号有效放大的作用，同时系统输出状态有规则的变化能够有效地抑制系统输出状态中的噪声量，使系统输出信噪比得到有效提高，这种现象就称为随机共振现象。

2.2 基于 Duffing 振子的随机共振

一个由周期性信号 $s(t)$ 和噪声信号 $n(t)$ 驱动的 Duffing 振子方程为

$$\ddot{x} + k\dot{x} - ax + bx^3 = s(t) + n(t) \tag{2.2}$$

其中，参数 k 是阻尼比，$-ax + bx^3$ 项是非线性恢复力，参数 a 与 b 是大于零的实数。当 $s(t)$ 为正弦信号时，可表示为 $s(t) = A\sin(2\pi f_0 t)$ 的形式，A 为幅值，f_0 为频率。$n(t) = \sqrt{2D}\xi(t)$ 表示噪声强度为 D 的高斯白噪声，其中，$\xi(t)$ 是方差为 1、均值为 0 的高斯白噪声。此时，Duffing 方程变为由正弦信号和高斯白噪声信号共

同驱动, 即

$$\ddot{x} + k\dot{x} - ax + bx^3 = A\sin(2\pi f_0 t) + n(t) \tag{2.3}$$

文献 [8] 对上面形式的 Duffing 系统进行分析, 指出当无外加信号时, 系统势函数为 $U(x) = -\dfrac{a}{2}x^2 + \dfrac{b}{4}x^4$, 因此, Duffing 系统是一个双稳系统。在只有正弦信号 $A\sin(2\pi f_0 t)$ 输入的情况下, 双稳系统存在一临界幅值 $A_{\mathrm{c}} = \sqrt{4a^3/(27b)}$。当 $A < A_{\mathrm{c}}$ 时, 系统输出将在某一势阱附近进行局域的周期运动; 当 $A > A_{\mathrm{c}}$ 时, 系统输出会围绕着两个势阱做大范围的跃迁运动。若正弦信号和噪声信号 $n(t)$ 同时作用于系统, 即使 $A < A_{\mathrm{c}}$, 只要信号、噪声和系统达到协同作用, 噪声将产生积极作用, 使一部分噪声能量转移到信号上, 从而信号能量得到增强, 系统输出会形成两个势阱间的大范围跃迁运动, 即系统达到随机共振。

随机共振可以用来进行微弱信号检测。假设正弦信号 $A\sin(2\pi f_0 t)$ 为待测微弱信号, $n(t)$ 为背景噪声, 当微弱正弦信号和噪声共同输入 Duffing 系统产生随机共振时, 在 Duffing 系统输出信号的频谱中, 在正弦信号的频率 f_0 处会有明显的峰值, 根据这一特征检测出噪声中的微弱有用信号。

一个基于 Duffing 振子的随机共振如图 2.2 所示, 其中 Duffing 方程的各参数

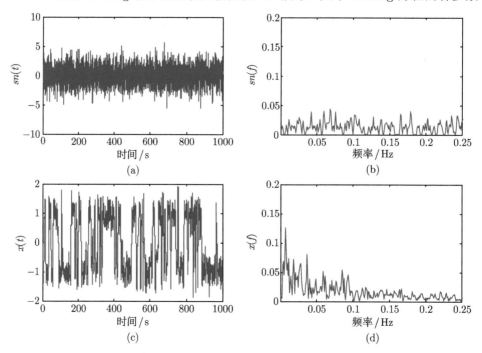

图 2.2　基于 Duffing 振子的随机共振

(a) 输入信号时域波形; (b) 输入信号频谱; (c) 输出信号时域波形; (d) 输出信号频谱

为：$k=0.5, a=1, b=1$，正弦信号幅值为 0.12，频率为 0.03Hz，噪声强度 $D=0.99$，采用龙格–库塔 (Runge-Kutta) 法对 Duffing 方程进行数值求解。从图 2.2 可以看出，在噪声强度 $D=0.99$ 时系统出现了随机共振现象，输出信号的频谱在正弦信号频率 f_0 处谱值最大，并且比输入信号频谱 f_0 处的值大了许多。

衡量随机共振的一个非常重要的指标是输出信号的信噪比，这里主要研究噪声强度与输出信号信噪比、正弦信号频率与输出信号信噪比的关系以及阻尼比参数 k 对随机共振的影响。

2.2.1 噪声强度与输出信号信噪比的关系

保持 Duffing 方程 (2.2) 中其他参数的值不变，改变噪声强度的值，研究噪声强度对输出信号信噪比的影响。Duffing 方程中各参数的取值为 $k=0.5, a=1, b=1, A=0.1, f_0=0.03$。噪声强度 D 的取值为 $0.02\sim2$。输出信号信噪比随噪声强度的变化规律如图 2.3 所示。从图 2.3 可以看到，含噪声正弦信号经过 Duffing 系统后，输出信号的信噪比与噪声强度之间存在着非线性的关系，总地来说，开始时信噪比随着噪声强度的增加而增加，当达到某一个值后随噪声强度的增加而减少，但并不是严格地增加或减少。信噪比在某个噪声强度值时达到最优，这是随机共振的典型特征。

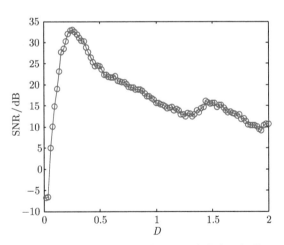

图 2.3 输出信号信噪比随噪声强度的变化规律

图 2.4 是噪声强度 D 取不同值时得到的 Duffing 系统相图，其中，噪声强度 D 的取值依次为 0.1, 0.5, 1, 2。从图 2.4 中可以发现，当 D 取值很小时，例如，$D=0.1$，Duffing 系统输出主要在某个势阱中运动。当噪声强度 D 大于某个值时，Duffing 系统输出在两个势阱中运动，并且，噪声强度 D 的取值越大，Duffing 系统相图的轨迹越复杂。

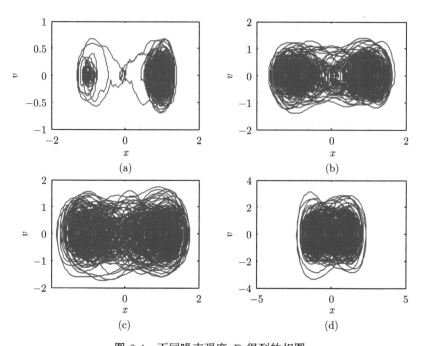

图 2.4　不同噪声强度 D 得到的相图

(a) $D = 0.1$; (b) $D = 0.5$; (c) $D = 1$; (d) $D = 2$

2.2.2　正弦信号频率与输出信号信噪比的关系

　　研究 Duffing 系统对不同频率微弱正弦信号的检测效果。Duffing 方程参数的取值为 $k = 0.5$, $a = 1$, $b = 1$, $A = 0.12$, $f_0 = 0.03$, $D = 0.99$。不同频率微弱正弦信号经过 Duffing 系统得到的信噪比如图 2.5 所示。从图 2.5 可以看到 Duffing 系统对低

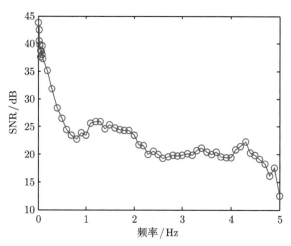

图 2.5　不同频率正弦信号经过 Duffing 系统得到的信噪比

频正弦信号得到的输出信号信噪比较高。另外，如果将 Duffing 系统用于微弱正弦信号检测，有一个适用的检测频率范围。

2.2.3 阻尼比参数 k 对随机共振的影响

与用于随机共振的朗之万方程相比，Duffing 方程增加了一项阻尼比参数 k，阻尼比参数 k 的引入，使得 Duffing 系统表现出现了更丰富的非线性动力学行为。这里研究阻尼比参数对随机共振的影响。

保持正弦信号和噪声信号的值不变，研究在 Duffing 系统参数 a,b 不同取值的情况下，阻尼比参数 k 值的改变对随机共振的影响。正弦信号的频率 f_0 为 0.03Hz，幅值 A 为 0.12，高斯白噪声信号的强度 D 为 0.75。Duffing 系统参数 a,b 取 4 组不同的值：① $a = 1$, $b = 1$; ② $a = 0.5$, $b = 1$; ③ $a = 1$, $b = 0.5$; ④ $a = 1$, $b = -1$。阻尼比参数 k 的取值与信噪比的关系如图 2.6 所示。从图 2.6 可以看到：① 随着系统参数 a,b 取值的改变，阻尼比参数 k 与输出信号信噪比的关系也不相同；② 阻尼比参

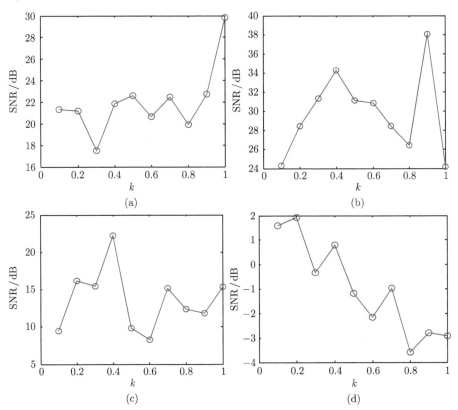

图 2.6 阻尼比参数 k 与信噪比的关系

(a) $a = 1$, $b = 1$; (b) $a = 0.5$, $b = 1$; (c) $a = 1$, $b = 0.5$; (d) $a = 1, b = -1$

数 k 与输出信号信噪比之间是一个复杂的非线性关系；③ 阻尼比参数 k 的取值对输出信号信噪比的影响非常大，针对参数 a, b 不同取值的 Duffing 系统，应该根据系统参数的值慎重选择阻尼比参数 k 的值。

　　进一步研究阻尼比参数 k 的取值对 Duffing 系统相图的影响，取系统参数 a, b 在不同值时，画出阻尼比参数 $k = 0.1, 0.2, 0.5, 0.8$ 的情况下 Duffing 系统的相图。得到的典型 Duffing 系统相图如图 2.7 所示。其中 $a = 1, b = 1$。从图 2.7 可以看出，总体而言，随着阻尼比参数 k 值的增加，Duffing 系统相图的轨迹范围缩小。

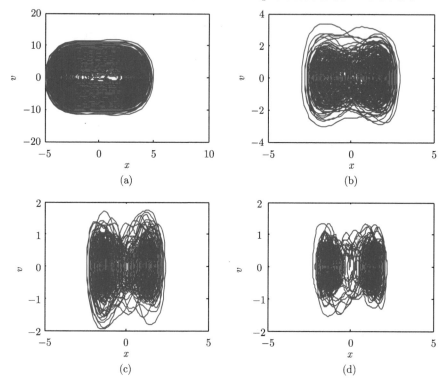

图 2.7　阻尼比参数 k 不同取值得到的相图

(a) $k = 0.1$; (b) $k = 0.2$; (c) $k = 0.5$; (d) $k = 0.8$

2.3　随机共振系统参数的自适应选取

　　随机共振系统的结构参数 a, b，噪声强度 D，正弦信号的幅值 A_0 对随机共振现象发生与否起着决定性的作用。针对如何调整这些参数以达到最佳的随机共振效果，研究者已进行了大量的工作。

　　陈敏等 [9] 提出一种自适应选取系统参数 a, b 的方法，首先假定 $a = b = 1$，得到最佳噪声均方根值 σ_0, 然后估计待测信号的噪声均方根值 σ_1。最后由 σ_0, σ_1 与待检测信号频率计算出系统参数 a, b 的值, 从而确定对应于输入信号的随机共振检测模型, 该方法需要知道待测信号的频率。

王辅忠等 [10] 引入互相关系数来衡量输出响应与输入信号之间的非线性匹配程度, 当输出响应与输入信号之间匹配程度达到最优时系统输出状态最佳。对于未知的输入信号和噪声强度, 通过从小到大连续改变系统参数 b 值来寻求输出响应与输入信号之间匹配程度最大化。用该方法分别对周期和非周期信号进行检测, 得到了较好的结果。

文献 [11] 提出基于近似熵 (approximate entropy, ApEn)[12] 的随机共振参数选取方法, 首先计算待检测标准正弦信号 $\sin(2\pi f_0 t)$ 添加信噪比为 20 的随机噪声后的近似熵的值 $\mathrm{ApEn_{std}}$, 接着固定系统参数 b 为 1, 改变系统参数 a 和步长 h, 计算对应每组参数的系统输出信号的近似熵 ApEn, 然后计算 ApEn 与 $\mathrm{ApEn_{std}}$ 的距离矩阵 $d = |\mathrm{ApEn} - \mathrm{ApEn_{std}}|$, 取使距离矩阵 d 值最小的参数 a, h 作为随机系统的参数。

上面提到的随机共振系统参数确定方法需要知道待检测信号的频率或噪声的信息, 而在实际工程中, 信号与噪声通常是未知的。这就要求随机共振系统能够根据现场信号和噪声强度, 自动地调节系统自身参数来达到随机共振状态, 从而进行微弱信号检测。这里提出一种自适应的随机共振系统参数确定方法, 它以输入信号 (sig-in) 与输出响应 (sig-out) 功率比最大化为准则, 无须知道输入信号与噪声的任何信息, 因此, 具有更广的应用范围。

最常用的随机共振的准则是基于输出响应的信噪比。信噪比的定义是有用信号功率与影响该信号的噪声功率的比值, 计算方法为

$$\mathrm{SNR} = 10 \lg \left(\frac{P_{\mathrm{signal}}}{P_{\mathrm{noise}}} \right) \tag{2.4}$$

其中, P_{signal} 是有用信号功率, P_{noise} 是噪声功率。如果比值大于 1, 说明信号功率大于噪声功率。

利用输出响应的信噪比来确定随机共振系统参数的方法需要知道待检测信号与噪声的信息, 这在实际工程应用中很难做到。文中提出一种利用随机共振系统输入信号与输出响应的功率比确定随机共振系统参数的方法, 计算方法如式 (2.5) 所示:

$$R = 10 \lg \left(\frac{P_{\mathrm{sig\text{-}in}}}{P_{\mathrm{sig\text{-}out}}} \right) \tag{2.5}$$

其中, $P_{\mathrm{sig\text{-}out}}$ 是系统输出响应的功率, $P_{\mathrm{sig\text{-}in}}$ 是输入信号的功率。如果把输入信号看作含有噪声的信号, 输出响应看作经过降噪处理后的信号, 则它们的功率比可以衡量含噪信号的降噪效果。

基于输入信号与输出响应功率比准则的随机共振系统参数确定方法如下：

(1) 固定系统参数 $b = 1$。

(2) 设定系统参数 a 的初始值大于 0，计算输入信号与随机共振系统输出响应的功率比。

(3) 改变系统参数 a 的值，重新计算输入信号与随机共振系统输出响应的功率比，选取输入信号与输出响应功率比最大的参数值作为随机共振系统的参数的取值。

为了测试上述方法的性能，进行了下述三类微弱信号在强噪声背景下的检测实验。

2.3.1　单个频率正弦信号的检测

设正弦信号 $x(t) = 0.1\sin(0.02\pi t)$，噪声信号用 $n(t) = 0.8\text{randn}(\text{size}(t))$ 来获得，从量级上看，该正弦信号与噪声信号相比能量要低。正弦信号与噪声信号混合后的输入信号的时域图如图 2.8(a) 所示，输入信号频谱图如图 2.8(b) 所示，分析可知，在时域图上无法分辨是否存在微弱正弦信号，频谱图上也不能确定存在正弦信号。利用上述给出的随机共振方法对输入信号进行处理，得到随机共振系统输出响应的时域图和频谱图分别如图 2.8(c) 和 (d) 所示，从输出响应的频谱图上可以明显看到存在周期正弦信号。

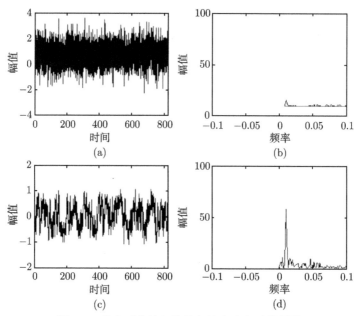

图 2.8　单个正弦输入信号与输出响应及其频谱

(a) 输入信号；(b) 输入信号频谱；(c) 输出响应；(d) 输出响应频谱

2.3.2 多个频率正弦信号的检测

输入信号为两个正弦信号与噪声信号叠加而成，正弦信号分别为 $x_1(t) = 0.06\sin(0.02\pi t)$，$x_2(t) = 0.06\sin(0.04\pi t)$，噪声信号用 $n(t) = 0.8\text{randn}(\text{size}(t))$ 来获得，从量级上看，两个正弦信号与噪声信号相比能量比较低。两个正弦信号与噪声信号混合后的输入信号的时域图如图 2.9(a) 所示，输入信号频谱图如图 2.9 (b) 所示，分析可知，在时域图上无法分辨存在微弱正弦信号，频谱图上也不能确定存在正弦信号。利用上述给出的随机共振方法对输入信号进行处理，得到随机共振系统输出响应的时域图和频谱图分别如图 2.9(c) 和 (d) 所示，从输出响应的频谱图上可以看到存在两个正弦周期信号。

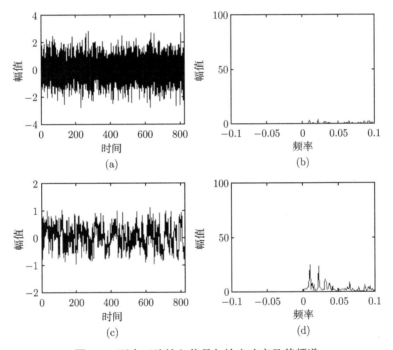

图 2.9 两个正弦输入信号与输出响应及其频谱

(a) 输入信号；(b) 输入信号频谱；(c) 输出响应；(d) 输出响应频谱

2.3.3 周期性冲击信号的检测

周期性冲击信号用脉冲指数衰减和正弦变化相结合的 $p(t) = 0.5\exp(-100t) \times \sin(200\pi t)$ 来模拟，冲击信号时域图如图 2.10 所示，噪声信号用 $n(t) = 0.8\text{randn}(\text{size}(t))$ 来模拟，噪声信号比周期性冲击信号的能量高。冲击信号与噪声信号叠加后的混合时域信号如图 2.11(a) 所示，从时域图上无法分辨是否存在周期性分量，混合信号频域图如图 2.11(b) 所示。利用上述给出的随机共振方法对输入信号进行处理, 得到随机共振系统输出响应的时域图和频谱图分别如图 2.11(c) 和 (d) 所示, 从输出响应的频谱图上可以看到存在周期性分量, 可以进一步对存在的周期性分量进行分析处理。

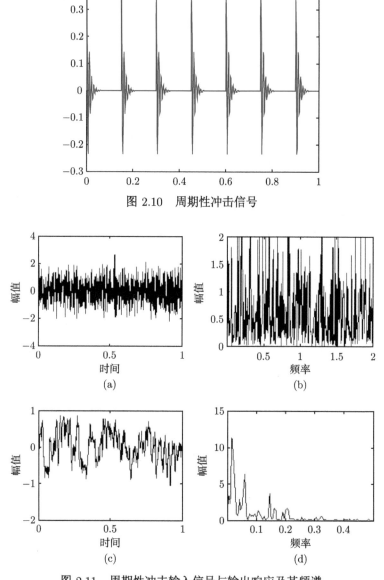

图 2.10　周期性冲击信号

图 2.11　周期性冲击输入信号与输出响应及其频谱

(a) 输入信号; (b) 输入信号频谱; (c) 输出响应; (d) 输出响应频谱

2.4　本章小结

本章对基于 Duffing 振子的随机共振进行了研究, 建立了基于正弦信号与高斯白噪声的 Duffing 方程随机共振模型。研究了噪声强度与输出信号信噪比的关系, 正弦信号频率与输出信号信噪比的关系, 以及阻尼比参数 k 对随机共振的影响。经过仿真信号实验结果表明, 阻尼比参数 k 对随机共振的影响非常重要, 阻尼比与输出信号信噪比之间存在着一种复杂的非线性关系；另外, 对于给定参数后的 Duffing 系统对微弱正弦信号的随机共振有一个适用的频率范围。

参 考 文 献

[1] Benzi R, Sutera A, Vulpiani A. The mechanism of stochastic resonance[J]. J Phys A, 1981, 14: 453-457.

[2] 胡岗. 随机力与非线性系统 [M]. 上海: 上海科技教育出版社, 1994.

[3] Collins J J, Chow C C, Imhoff T T. Aperiodic stochastic resonance in excitable systems[J]. Phys Rev E, 1995, 52: 3321-3324.

[4] Moskowitz M T, Dickinson B W. Stochastic resonance in speech recognition: Differentiating between /b/ and /v/ [C]//IEEE International Symposium on Circuits and Systems, 2002, 3: 855-858.

[5] Gammaitoni L, Hänggi P, Jung P, Marchesoni F. Stochastic resonance: A remarkable idea that changed our perception of noise[J]. European Physical Journal B, 2009, 69(1): 1-3.

[6] 龚振宇, 庞全, 范影乐. 自适应随机共振的图像复原研究 [J]. 计算机工程与科学, 2009, 31(5): 46-48.

[7] 胡茑庆. 随机共振微弱特征信号检测理论与方法 [M]. 北京: 国防工业出版社, 2012.

[8] 冷永刚, 赖志慧, 范胜波, 等. 二维 Duffing 振子的大参数随机共振及微弱信号检测研究[J]. 物理学报, 2012, 61(23): 71-80.

[9] 陈敏, 胡茑庆, 秦国军, 安茂春. 参数调节随机共振在机械系统早期故障检测中的应用 [J]. 机械工程学报, 2009, 45(4): 131-135.

[10] 王辅忠, 陈晓霞. 基于参数可调双稳系统的信息检测 [J]. 信息与控制, 2008, 37(6): 729-734.

[11] Li Q, Wang T Y, Leng Y G, Wang W, Wang G F. Engineering signal processing based on adaptive step-changed stochastic resonance[J]. Mechanical Systems and Signal Processing, 2007, 21(5): 2267-2279.

[12] Pincus S M. Approximate entropy as a measure of system complexity[C]. Proceedings of the National Academy of Sciences USA, 1991: 2297-2301.

第 3 章　混沌系统基本理论

混沌是 20 世纪发现并深入研究的一门前沿学科，在各个领域专家、学者的共同努力下，已经取得了举世瞩目的成果。混沌理论起源于自然领域，它是对大自然许多不可解释与不可预测现象的一种诠释，神秘的宇宙空间或者现实的社会科学领域一直都是混沌研究者致力的课题。这些从不同角度不同的思维方式获得的系统，都具有共同的特性，即它们在变化无常的演绎背后，展现给人们一些无法理解的难以确定的规则。而从事混沌理论研究的学者、专家，就是努力试图找到这其中蕴含的原理和产生这些现象的原因。

3.1　混沌的基本概念

真要给 "混沌" 一个确切的定义是不容易的。目前还没有一个较为统一而完美的关于混沌的定义，但是来自不同领域的国内外学者都从各自不同的角度给出了不同的描述方式。其中最被广泛认可的有 "Li-Yorke" 定义和 "Devaney R. L" 定义等。混沌是非线性动力学的一种行为现象，它是一种确定系统产生难以预测的无规则运动。总之，关于混沌的概念迄今仍在深入的研究之中。

3.1.1　有关概念

为了了解混沌，首先需要了解以下几个概念。

(1) 什么是非线性动力学：系统完整地综述非线性科学与混沌理论是困难的。混沌理论是非线性科学的组成部分，混沌振子系统与检测是混沌理论的一个分支。我国研究 "非线性科学" 的科学家谷超豪教授和我国研究混沌理论的权威专家郝柏林教授共同认为，各门科学，如光学、力学、声学等，都有各自的非线性现象的共性，重视发展处理它们的普适方法。谷超豪教授和黄念宁教授认为，非线性科学具有三个基本分支：混沌、孤子和分形。而这三种现象研究的主要任务是探索非线性动力学的复杂性 [1]。

(2) 奇点：奇点的概念来自于物理概念 "源" 和 "汇"，以及来自理论力学中平衡的概念。

稳定奇点：一个奇点在受到外界的微小扰动后，若无论经历多长时间，最终都会返回到这一点，则该奇点称为稳定奇点，和物理概念中的 "汇" 类似。

不稳定奇点：与稳定奇点相反，若一个奇点受到外界扰动后，无论经历怎样的变化都不会再返回到原点，则称该奇点为不稳定奇点，也是物理概念中的"源"。若进一步划分，可以把不稳定奇点分为两类。一类和"源"相类似，也就是说，随时间的增加，轨线如同太阳光一样发散。而另一类是介于"汇"与"源"之间的奇点叫做"鞍"。我们可以用奇点附近轨线分布图来描述奇点与其附近轨线的关系，各种奇点相图如图 3.1~ 图 3.4 所示。

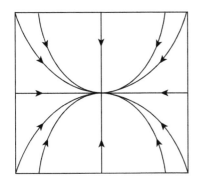
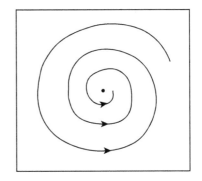

图 3.1 平面"汇"的相图

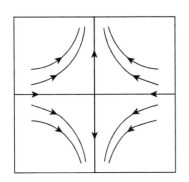
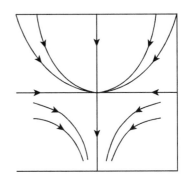

图 3.2 平面"源"的相图

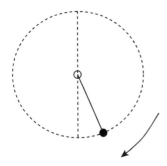
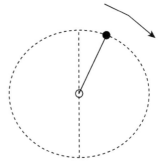

图 3.3 平面上"鞍"的相图   图 3.4 平面上"半鞍"的相图

　　以单摆为例，其牛顿运动方程为 $\ddot{\varphi} = a\sin\varphi$。这个方程有两个奇点，分别为 $\varphi = 0$ 和 $\varphi = \pi$。在实际情况下，即存在空气阻力的情况下，在 $\varphi = 0$ 附近将单摆放下，随着时间的增加，单摆的振幅会变得越来越小，最后停留在奇点附近。$\varphi = 0$ 是稳定奇点，$\varphi = \pi$ 是不稳定奇点，分别如图 3.5 和图 3.6 所示。

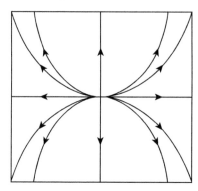 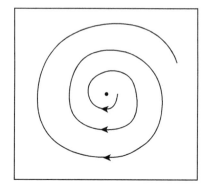

　　图 3.5　$\varphi = 0$ 是稳定奇点　　　　　　　图 3.6　$\varphi = \pi$ 是不稳定奇点

　　(3) 动力系统：是指随时间发展的系统。日常生活中所接触到的大多数受力的运动系统，都可以称为动力系统。动力系统又可以分为连续动力系统和离散动力系统。若一个系统可以描述为随时间连续变化，则称为连续系统。若将连续系统离散化就称为离散系统。

　　(4) 闭轨：也称为周期轨。对这种轨道的研究有十分重要的意义。对闭轨的稳定性研究，能解释地球为什么总是围绕太阳转，人造卫星为什么能在其轨道运行若干年。

　　闭轨是动力系统绕过某一点的一根轨线，从该轨线上任一点出发，当时间增加时，在有限时间内返回该点。闭轨可以分为稳定闭轨和不稳定闭轨。

　　稳定闭轨：从该闭轨附近出发的轨线，随时间的推移，轨线越来越靠近该闭轨。

　　不稳定闭轨：与稳定闭轨相反，不稳定闭轨附近的轨线，随时间的推移，其全部轨线都离开该闭轨。

　　这就解释了地球为什么可以长期围绕太阳进行周期运动，尽管地球在围绕太阳运动时会受到行星或其他因素的干扰，但是地球可以长期地围绕太阳运转而不偏离。

　　不稳定闭轨和不稳定奇点类似，也可以分为两类：一类是随时间的推移轨线远离闭轨；另一类是既远离也接近该轨线。它们的相图 (即闭轨附近的轨线分布图) 分别如图 3.7~ 图 3.9 所示。

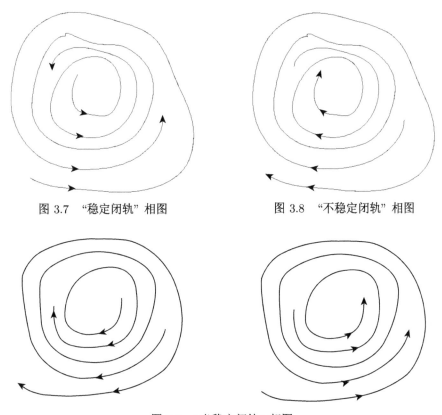

图 3.7 "稳定闭轨" 相图   图 3.8 "不稳定闭轨" 相图

图 3.9 "半稳定闭轨" 相图

(5) 同宿轨和异宿轨: 同宿轨和异宿轨在非线性动力学中是一个十分重要的研究对象。

同宿轨: 当 $t \to +\infty$ 和 $t \to -\infty$ 时, 进入同一奇点的轨线称为同宿轨 (图 3.10)。

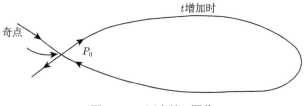

图 3.10 "同宿轨" 图像

异宿轨: 当 $t \to +\infty$ 和 $t \to -\infty$ 时, 进入不同奇点的轨线称为异宿轨 (图 3.11)。

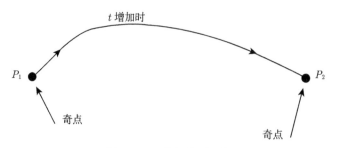

图 3.11   "异宿轨" 图像

通向混沌的一条途径是同宿轨或异宿轨的破裂。

(6) 分岔: 分岔是由系统参数发生了变化进而导致系统定性和定量行为的改变。这里的定性行为主要是指奇点和闭轨的稳定性以及同宿轨与异宿轨的破裂。而定量行为主要是指系统的奇点与闭轨的个数的变化。

(7) 混沌: 从混沌学诞生以来, 对于如何定义混沌, 至今仍是一个未解决的难题。不过在众多定义中, 不可避免地都会涉及这样一个定义: 在一定范围的参数空间内, 一个确定的非线性系统对有微小差异的初值表现出长期不可预测性。

3.1.2   相平面

一个随时间演变的动力系统需要一个随时间演变的微分方程来描述, 例如微分方程 (3.1):

$$\ddot{x} = f(x, \dot{x}) \tag{3.1}$$

式中, x 指的是质点所在位置; $\dot{x} = \mathrm{d}x/\mathrm{d}t$ 表示质点的速度; $\ddot{x}$ 表示质点的加速度; $f(x, \dot{x})$ 表示作用在质点上的力。

相是指 x 和 $\dot{x}$ 所表征的在任意时刻 t 的运动状态, x 和 $\dot{x}$ 所组成的平面称为相平面, x 和 $\dot{x}$ 的值表示相平面上的一个点。

系统随时间 t 变化的状态可用一簇带箭头的轨线进行描述。令 $y = \dot{x}$, 则方程 (3.1) 可以转化为以下形式:

$$\begin{cases} \dot{x} = y \\ \dot{y} = f(x, y) \end{cases} \tag{3.2}$$

在相平面中 $x(t)$, $y(t)$ 表示随时间变化的一簇轨迹, 方程 (3.2) 更一般的表达形式如方程 (3.3):

$$\begin{cases} \dot{x} = F(x, y) \\ \dot{y} = G(x, y) \end{cases} \tag{3.3}$$

由于方程 (3.3) 中 $F(x,y)$ 和 $C(x,y)$ 不显含时间 t, 我们称这样的方程为自治方程或自治系统。

3.1.3 耗散系统

不同的系统和环境之间会表现出不同的相互作用, 据此可把系统分成三类: 孤立系统、封闭系统和开放系统。其中, 孤立系统和封闭系统只是理想情况下的系统, 现实中根本不存在, 世界上所有的系统都属于开放系统。相对论认为物质能够和能量进行等同, 因而只对系统和外界能量的互换进行了研究, 根据此理论可以认为系统有两种: 耗散系统和保守系统。两系统之间最明显的差异就是随着时间的变化耗散系统的能量会改变, 保守系统的能量则不会改变。

从相空间上可以发现耗散系统的特点: 系统运动时, 相空间的体积会一直向维数低于之前相空间维数的吸引子进行收缩, 由于各个运动状态的初始条件存在差异, 因而结果可能唯一又可能不唯一, 表现在相空间上是一个或一个以上吸引子的集合, 耗散系统的奇怪吸引子也叫作混沌吸引子。

3.1.4 吸引子

相空间中的运动轨迹随时间变化会一直靠近耗散系统中的不动点, 最终形成了一种不同于相空间里其他形式的平衡状态: 吸引子。耗散系统在相空间中的吸引子至少有一个, 吸引子附近所有点的集合称为吸引盆, 吸引盆只有一个吸引子。在三维的自治系统中包括四种吸引子, 分别是周期吸引子、拟周期吸引子、定常吸引子、混沌吸引子。

(1) 周期吸引子。

我们还可以称周期吸引子为极限环吸引子, 当系统不再处于平衡状态时, 历经几次分岔后会再次处于周期振荡状态, 该状态不仅稳定而且规则。周期吸引子反映到相空间是一条曲线, 该曲线是一维的, 处于闭合状态且始终围绕平衡点, 与周期运动相对应。

(2) 拟周期吸引子。

相空间中的拟周期吸引子是二维环面, 它的运行轨道位于相空间的环面上。

(3) 定常吸引子。

它在相空间中表现为一个点, 也可以称为不动点, 它吸引了附近所有的轨道。定常吸引子是零维的, 说明系统处于平衡运动状态。

(4) 混沌吸引子。

它是三维或三维以上的吸引子, 与其他吸引子不同的地方是它的维数不是整数而是分数。混沌吸引子是混沌所特有的, 在相空间中它是无穷个点的集合, 该集合与混沌状态相对应, 通过计算机绘制的混沌吸引子的图形可知, 它是一种自相似的包含无限次嵌套的几何结构。

3.1.5   李雅普诺夫指数

李雅普诺夫 (Lyapunov) 指数是一个用来衡量混沌系统动力学特性的特征量。对初始状态的微小扰动会使不确定性以指数形式扩大，因而不能对混沌系统进行长期预测，一定时间后相邻轨道的比率以指数形式收敛或发散，可用李雅普诺夫指数来描述，李雅普诺夫指数可如下定义。

设动力学系统 $x_{n+1} = f(x_n)$ 是一维的，$(x_0, x_0 + \varepsilon)$ 是其初值，其中 ε 是极小量。若平均每次迭代后的指数分离速率是 λ，那么一次迭代后两点的距离为 $\varepsilon \cdot e^\lambda$，$n$ 次迭代后两点的距离如下：

$$\varepsilon \cdot e^{n \cdot \lambda(x_0)} = |f^n(x_0 + \varepsilon) - f^n(x_0)| \tag{3.4}$$

其中，

$$\lambda > 0 = \lim_{n \to \infty} \frac{1}{n} \sum_{i=1}^{n} \ln |f'(x)|_x = x_i \tag{3.5}$$

式中，λ 是李雅普诺夫指数，指的是若干次迭代后平均每次迭代的指数分离速率，λ 为实数，可正可负，也可以是零；n 表示迭代次数；$f(x)$ 是非线性迭代函数。

在一维映射中仅存在一个李雅普诺夫指数，$\lambda > 0$ 表示混沌系统的局部运动轨道不稳定，相互靠近的轨道之间以指数形式实现快速分离，相空间当中的轨道经过反复的拉伸和折叠后形成了混沌吸引子。李雅普诺夫指数作为混沌判据，方法如下：

(1) $\lambda > 0$ 时，系统对初始条件敏感，系统处于混沌状态；

(2) $\lambda = 0$ 时，系统处于临界状态，微小扰动不会放大或者缩小初始条件造成的误差；

(3) $\lambda < 0$ 时，相空间收缩，局部轨道稳定，系统处于周期状态。

3.2   混沌基本特征

历史上，由于混沌表现出的特性，人们对它很难有个全面的理解。因此，始终无法辩证地否认人们长期以来普遍接受的确定论。对其的否认经历了非常长的时间。在 19 世纪末，法国数学家庞加莱 (Poincaré) 首先发现了鞍形不动点附近的不寻常运动，这是在研究三体问题时发现的。后来苏联的数学家也证明了一些猜想，比如著名的 KAM 定理。但是这些科学家们的研究成果很难理解，在科学界并没有多大的影响。

为了能更好地理解混沌运动, 考察一个受简谐激励的有阻尼 Duffing 系统如式 (3.6):

$$\ddot{x} + 0.05\dot{x} + x^3 = 7.5\cos t \tag{3.6}$$

从两组非常相近的初始状态观察它:

$$x(0) = 3.000, \ \dot{x}(0) = 4.000$$
$$x(0) = 3.001, \ \dot{x}(0) = 4.001$$

采用定步长四阶龙格–库塔法, 其时域图如图 3.12 所示。从图中可以看到: 即便系统具有非常小的差异, 但是随着时间的增加, 这种差异越来越大, 但仍然保持在一定界限之内, 进入稳态后的运动更加杂乱无章, 没有周期。已有文献证明, 即使将两组初始条件的差异缩小到 10^{-15}, 这种现象依然存在。这说明, 虽然方程描述的是一个确定性动力学系统, 但该系统对初始条件异常敏感, 采用有限字长的计算机无法得到可重复的长时间位移历程。这并不是计算方法出现了问题, 而是非线性动力系统特有的性质。我们将这种性质的运动称为混沌运动, 简称混沌。它的基本特征是:

(1) 高度依赖于初始条件, 进而实际不可重复;

(2) 局部不稳定 (一般呈指数型发散), 但总体是有界的;

(3) 无周期, 无序。

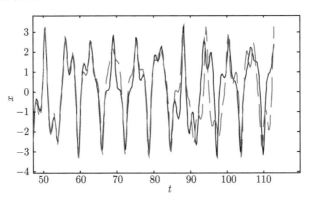

图 3.12 微小初值差异时系统时域图

由于没有严格的数学定义, 以上三个特征可以基本概括混沌的一些特性。这是目前比较公认的混沌的特征。

这种现象的出现可以解释过去许多人们无法理解的现象, 也可以解释在确定性现象和随机现象之间的某些复杂联系。因此, 混沌作为 20 世纪的物理学三大重大发现之一, 与相对论、量子力学同等重要。

3.3   研究混沌的主要方法

混沌是非线性的一个分支,即非线性系统包含混沌系统。混沌并不是没有规律可循的,而是包含着复杂丰富的内部结构,研究一个未知系统是否为混沌系统,可以从以下几个常用的方法 [2] 进行多方面分析。

(1) 相平面图法,是一种直观求解线性或非线性系统的图解法,通过图像可以清晰地分析系统状态随着参数变化的影响。

相轨迹图是研究混沌最基本的一种方法。其判断依据是:仿真后期,当系统的运动轨迹在相平面的固定轨道上有规律地运动时,认为系统是周期的;否则,系统的运动轨迹在相平面上仍然杂乱无章地分布,则认为系统是混沌的。此方法的优点是直观、清晰,适合于判断混沌到大尺度周期状态的分岔值,但是其缺点就是效率比较低。

(2) 时序图法,也是一种常用的判别方法,也很直观、清楚。由混沌到周期状态系统输出的时序图是截然不同的,根据时序图的差异来判断是混沌还是周期状态。时序图法具有运算速度快、耗时少、效率高的优点,由于仿真时间不够长,存在出现 "误判" 的缺点。在大多数情况下,经常会结合相平面图法一起提高系统的判别准确度。

(3) 庞加莱截面法,是由数学家庞加莱提出的,用来判断多变量自治系统运动状态的一种方法,其基本思想就是在多维相空间 $(x, dx, ldt, l, td^2x, dt^2)$ 中适当选取一个截面,此截面的选取很重要,否则很难找到系统状态的运动规律,在此截面上取固定的某一对共轭变量 x, dx, ldt, 称此截面为庞加莱截面。依据所选取截面上点集的情况来判断系统的状态:当截面上只有一个不动点时,系统为周期一运动;当截面上有少数的离散点时,此时由点的个数决定是周期几运动;当截面上所有的点组成一封闭曲线时,是准周期的;而当所有点在截面上杂乱无章、毫无规律地分布时,系统是混沌的。

(4) 功率谱法,是信号处理领域学者常用的一种判别方法,通过研究信号频域特征来判断信号特性,一般来说,周期信号和混沌信号对应的功率谱线特征分别是离散的谱线和连续的谱线。但是该方法并不是对所有的信号都能进行处理,从而反映信号本质特性,它能判断出振动是随机的,但是对于随机性的原因是不能确定的。

(5) 李雅普诺夫指数法。李雅普诺夫指数是衡量非线性系统动力学特性的一个很重要的定量指标,它可以定量描述两个初值相差无几的系统的运动轨迹,随时间呈指数分离的现象。对于一个不确定的系统,判断它是不是处于混沌状态,可以通过计算系统变量的最大李雅普诺夫指数是否大于零来判断。如果大于零就意味着在系统相空间中,其两条间距非常小的运动轨迹随着时间推移都会呈指数率分离,最终无法预测即为混沌现象。

m 维的离散系统,其李雅普诺夫指数可以定义如下。

设对于 $R^m \to R^m$ 的 m 维的映射 F,必须存在一个 m 维的离散动力系统 $x_{n+1} = F(x_n)$,令系统的初始条件为一个 m 维的无穷小的椭球。$P_i(n)$ 为第 i 个主轴的长度,则第 i 个李雅普诺夫指数的定义为

$$\lambda_i = \lim_{n \to \infty} \frac{1}{n} \left| \frac{P_i(n)}{P_0(n)} \right| \quad (i = 1, 2, \cdots, m) \tag{3.7}$$

可见,对于 m 维系统,其李雅普诺夫指数个数为 m,且李雅普诺夫指数是一个无量纲的量。若将 m 个李雅普诺夫指数按从小到大排列,那么就称最大的 λ_i 为最大李雅普诺夫指数,即为 $\lambda_{\max}$。

当 $m = 1$ 时,为一维混沌系统;当 $\lambda < 0$ 时,系统存在不动点,随着时间的推移趋于稳定;当 $\lambda = 0$ 时,系统对初始条件不敏感,即使初值有差异,也不会随着时间推移而发生变化,表明系统处于临界混沌状态;当 $\lambda > 0$ 时,系统对初始条件敏感,初值的差异会导致运动轨迹截然不同,无法预测,表明系统处于混沌状态。

对于 $m \neq 1$ 的多维混沌系统,可用 $\lambda_{\max}$ 来判断系统的状态。只要是 $\lambda_{\max} < 0$,就可以判断系统处于周期状态,但是在所有的指数中,只要存在一个 $\lambda_i > 0$,就可以判断系统是混沌的。原因是最大李雅普诺夫指数 $\lambda_{\max}$ 决定了系统的主要演化趋势。表 3.1 展示了耗散系统与李雅普诺夫指数的关系,通过李雅普诺夫指数的符号即可判别出系统的运动状态。

表 3.1 耗散系统与李雅普诺夫指数的关系表

相图	运动形式	二维系统	三维系统
不动点	定常运动	$--$	$---$
极限环	周期运动	$--$	$0--$
极限环面	准周期运动	$0-$	$0\ 0-$
	混沌	$+\ 0$	$+\ 0-$
奇怪吸引子	混沌	$+-$	$+--$
	超混沌	$++$	$+\ +-$

3.4 几种典型的混沌动力学系统

大千世界,面对各种各样的实际问题,由于各个领域不同,所以要从不同的角度研究分析,建立数学模型。它不仅是为混沌理论在非线性学科中的深入发展提供基础模型,也是为在信号处理中得到很好的应用奠定基础。目前比较常用的混沌模型有 Duffing 系统模型和 van der Pol 系统模型,还有来自物理力学的 Lorenz 系统

以及来自生物学的 Logistic 映射等。这些模型都表现出了丰富的动力学行为，得到广泛而深入的研究。

3.4.1　Duffing 系统

Duffing 系统 [3] 是典型的混沌系统，通过其动力学行为可以了解该系统的各种特性。Duffing 系统具有复杂的动力学行为：振荡、同宿轨道、分岔、混沌等，因而成为混沌学中的常用模型之一 [4-8]。经典的 Homes 型 Duffing 方程的数学表达式如下：

$$\ddot{x}(t) + c\dot{x} + ax + bx^3 = f_1 \cos(\omega_1 t) \tag{3.8}$$

式中，c 是阻尼项系数；$ax + bx^3$ 是非线性恢复力；a 和 b 是非线性恢复力系数；$f_1 \cos(\omega_1 t)$ 是参考信号，f_1 和 ω_1 分别是参考信号的幅值和频率。

f_1 是可变参数，随着它的取值从小到大变化，系统也经历着不同的状态。现取 $c = 0.5$，$a = -1$，$b = 1$，$\omega_1 = 1 \text{ rad/s}$，$f_1$ 变化时系统表现出如下非线性动力学行为。

(1) $f_1 = 0$ 时，Duffing 系统没有参考信号的扰动，它的相平面鞍点为 $(0,0)$，两个焦点分别是 $(1,0)$ 和 $(-1,0)$，相轨迹最后会停在这两焦点之一。当系统的初值 $(x, \dot{x})$ 为 $(-1,1)$ 和 $(1,-1)$ 时，Duffing 系统的相轨迹如图 3.13 和图 3.14 所示。此时系统的运动轨迹并不复杂，首先会有衰减振荡出现，但并不大，接着便会处于稳定状态。由图 3.13 和图 3.14 可知，系统的相轨迹最后分别停在了焦点 $(-1,1)$ 处和焦点 $(1,-1)$ 处。

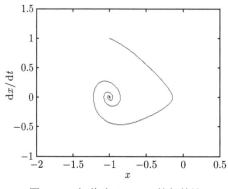
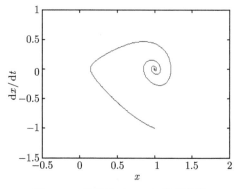

图 3.13　初值为 $(-1,1)$ 的相轨迹　　　　图 3.14　初值为 $(1,-1)$ 的相轨迹

(2) $f_1 \neq 0$ 时，由于参考信号的扰动，系统具有了复杂的运动状态。大量的数值计算和仿真结果表明，当 f_1 取不同的数值时，Duffing 系统会出现周期振荡、同宿轨道、倍周期分岔、混沌状态、临界状态和周期状态。下面是取不同的 f_1 值时系统的运动状态。系统初值为 $(1,1)$，参考信号的幅值 $f_1 = 0.35$，运行轨迹最后以焦

点 $(-1, 0)$ 为中心进行运动,系统处于同宿轨道状态,如图 3.15 所示。当 $f_1 = 0.4$ 时,系统的相轨迹围绕两个焦点运动,出现倍周期分岔现象,如图 3.16 所示。继续增大 f_1 到一定值,Duffing 系统的相轨迹变得杂乱无章,说明已处于混沌状态,如图 3.17 所示。当 f_1 增大到致使系统处于周期状态,轨线不再互相缠绕、折叠,相轨迹在稳定的轨道上做周期运动,如图 3.18 所示。

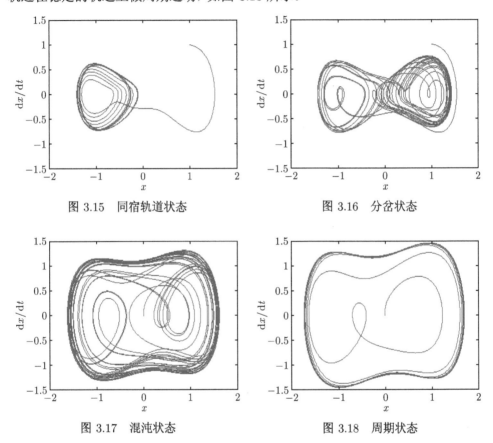

图 3.15 同宿轨道状态   图 3.16 分岔状态

图 3.17 混沌状态   图 3.18 周期状态

上述动力学行为可认为是非线性系统和线性系统耦合导致的。$\ddot{x}(t) + c\dot{x} + ax + bx^3 = 0$ 是非线性系统,参考信号 $f_1 \cos(\omega_1 t)$ 可当作是线性简谐振荡系统。线性系统的振幅 f_1 很小时,说明它的振动很弱,对非线性系统的影响也不大,此时 Duffing 系统的运动可认为是非线性系统 $\ddot{x}(t) + c\dot{x} + ax + bx^3 = 0$ 运动和线性简谐振荡系统 $f_1 \cos(\omega_1 t)$ 运动的叠加,即 Duffing 系统以线性振子的频率振荡,始终围绕非线性系统中的两焦点之一运动。进一步增大 f_1,Duffing 系统会出现倍周期分岔即分频存在于围绕焦点的振荡中,这种以参考信号的周期或倍周期进行的振荡叫做锁频,也就是说振荡频率锁在参考信号的频率或其分频上。当 f_1 增大到比非线性系统中三个奇点之间的间隔还大时,系统会发生跃迁振荡,最终导致系统处于混沌态。再

进一步增大 f_1, 此时线性振子处于主导地位, 非线性系统不再是主要影响, Duffing
系统被锁在参考信号的各个分频上。f_1 继续增大, 线性振子完全取代非线性系统
居于统治地位, Duffing 系统按照线性系统的方式运动, 即 Duffing 系统被锁在参考
信号的频率上。

3.4.2 双耦合 Duffing 系统

双耦合 Duffing 系统模型如式 (3.9) 所示:

$$\begin{cases} \ddot{x} + 0.5\dot{x} - (u - x) - x + x^3 = \gamma\cos(t) \\ \ddot{x} + 0.5\dot{x} - (x - u) - x + x^3 = \gamma\cos(t) \end{cases} \tag{3.9}$$

双耦合 Duffing 振子系统与单 Duffing 振子相比有很多优点。它利用两个 Duff-
ing 振子相互作用、相互联系和控制的工作过程, 进而提高了系统在临界分岔处的
稳定性, 为混沌振子系统检测微弱信号提供新的方法。一般来说, 耦合系统比单振
子系统具有更好的稳定性和抗噪能力。

3.4.3 van der Pol 系统

荷兰学者 van der Pol 为了描述电子电路中三极管的振荡效应, 第一次推导了
著名的 van der Pol 方程, 它是自激极限环振荡系统的原形。van der Pol 振荡系统
作为一种经典的自激励振荡系统, 已经成为重要的数学模型之一, 用于复杂的动力
系统建模 [9-18]。van der Pol 混沌振子模型如式 (3.10) 所示:

$$\ddot{x} - u(1 - x^2)\dot{x} + \varepsilon x = 0 \tag{3.10}$$

式中, u 是阻尼系数; ε 是刚度系数。

van der Pol 混沌振子检测微弱信号的原理和一般非线性方程检测的原理一样,
都是利用方程的混沌态, 进行未知参数的估计。不同的是此振子系统具有更高的敏
感性和辨识度。

3.4.4 van der Pol-Duffing 系统

Rayleigh 为了进一步研究 van der Pol 方程, 对其外加一正弦信号作为周期扰
动, 式 (3.10) 变为

$$\ddot{x} - u(1 - x^2)\dot{x} + \varepsilon x = f_2\cos(\omega_2 t) \tag{3.11}$$

式中, u 是阻尼系数; ε 是刚度系数; $f_2\cos(\omega_2 t)$ 是参考信号; f_2 和 ω_2 分别是参考
信号的幅值与频率。

式 (3.11) 称作 van der Pol-Duffing 系统, 在参考信号扰动的作用下, van der
Pol-Duffing 系统的相轨迹随 f_2 的取值而变化, 下面通过系统的相图来进行说明。

我们以该系统的混沌态和周期态为研究基点，当系统参数为 $u = 5$，$\varepsilon = 1$，$f_2 = 5$，$\omega_2 = 2.466\,\mathrm{rad/s}$，初值 $(x, \dot{x})$ 为 $(0,0)$ 时，图 3.19 显示的相轨迹说明系统处于混沌状态。改变 f_2 值为 6，其余参数不变，相轨迹说明此时系统处于周期态，如图 3.20 所示。

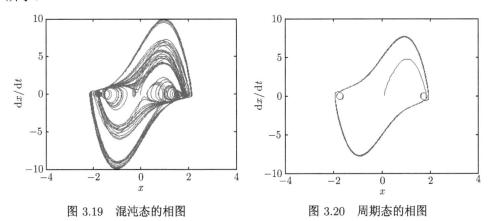

图 3.19 混沌态的相图   图 3.20 周期态的相图

通过对 van der Pol-Duffing 系统的仿真可知其与其他混沌系统一样，van der Pol-Duffing 系统同样具有复杂的动力学行为，不同的参考信号幅值会使系统具有不同的相轨迹，它的同步现象以及动力学中的混沌现象使其在物理学、地震学、生物学和医学等领域应用广泛。适当地选择参数，系统还会具有稳定的周期极限环，因此该系统值得进行更深入的研究。

3.4.5 Lorenz 系统

1963 年美国气象科学家 Lorenz 通过三维截断来研究无穷维动力系统的瑞利–伯纳德热对流问题时得到了 Lorenz 动力学系统，并指出该系统之所以具有不规则的解行为是因为该混沌系统对初值敏感，人们还第一次发现了该动力系统具有混沌吸引子。Lorenz 动力学模型可通过式 (3.12) 进行描述：

$$\begin{cases} \mathrm{d}x = -\sigma x + \sigma y \\ \mathrm{d}y = -xz + rx - y \\ \mathrm{d}z = xy - bz \end{cases} \tag{3.12}$$

式 (3.12) 是三个非线性一阶微分方程耦合在一起组成的混沌系统，是典型的确定性动力系统。方程的右边不显含时间 t，σ、r、b 是 Lorenz 动力学系统的控制参数。观察该动力学方程可知，总有 $x = y = z = 0$ 这一组固定解，说明 Lorenz 系统的相轨迹总是经过原点。若三个参数满足如下关系：$r \geqslant \sigma(\sigma + b + 3)/(\sigma - b - 1)$，该系统会有混沌吸引子产生。由于 xz 和 xy 是非线性项，因此该动力学方程会表现出混沌特有的动力学行为。

当 $r > 0$ 时，Lorenz 系统有如下三个平衡点：

$$
\begin{aligned}
Q_1 &= (0,0,0) \\
Q_2 &= \left(\sqrt{b(a-1)}, \sqrt{b(a-1)}, a-1 \right) \\
Q_3 &= \left(-\sqrt{b(a-1)}, -\sqrt{b(a-1)}, a-1 \right)
\end{aligned} \tag{3.13}
$$

观察这三个平衡点可知该方程具有对称性和不变性的特点。当控制 σ 和 b 在一定范围内取值，随着 r 的不断增大，通过仿真发现在 Lorenz 系统的平衡点上出现了临界的 Hopf 分岔，Q_1 和 Q_2 这两个平衡点变成了不稳定的鞍点。当该动力学方程的参数取 $\sigma = 10$，$b = 8/3$，$r = 28$ 时，处于任意初始状态的相轨迹毫无规律可言且不重复。因为混沌系统具有有界性，无论 x、y、z 的初值为何值，Lorenz 系统的相轨迹都会因为受到吸引子的影响局限在一定范围内，轨线以指数形式发散呈蝴蝶形态，属于非常典型的非确定性运动。非确定性现象首次发现于确定性动力系统中，是研究混沌理论的里程碑。图 3.21 及图 3.22 分别为 Lorenz 系统 x 分量的时域波形图和相轨迹图。

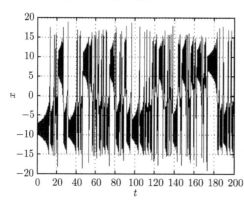

图 3.21   Lorenz 系统 x 分量的时域波形图   图 3.22   Lorenz 系统 x 分量的相轨迹图

3.4.6   Logistic 映射

在生态研究中，Logistic 模型是用来统计昆虫数量变化的工具，所以简称虫口模型。由于该模型在各个领域都有广泛的用途，因此研究其类型以及产生、发展和演化的过程具有重要意义。一维 Logistic 映射系统的表达式如式 (3.14) 所示：

$$
x_{n+1} = a \cdot x_n (1 - x_n) \quad (n = 1, 2, \cdots) \tag{3.14}
$$

式中，a 是常数，随着 a 的变化，Logistic 系统的相轨迹或为混沌态或为周期态。

(1) $0 \leqslant a < 1$ 时，Logistic 映射有一个稳定不动点 $x_1 = 0$，系统有周期一解。

(2) $1 < a < 3$ 时，Logistic 映射有一个稳定不动点 $x_2 = 1 - 1/a$，系统有周期一解。

(3) $3 < a < 1 + \sqrt{6}$ 时，Logistic 映射的稳定不动点 $x_1 = 0$ 和 $x_2 = 1 - 1/a$ 失稳，需要进行二次迭代，二次迭代后的映射为

$$x_{n+2} = a \cdot x_{n+1}(1 - x_{n+1}) = a^2 \cdot x_n(1 - x_n)[1 - a \cdot x_n(1 - x_n)] \qquad (3.15)$$

该二次迭代方程有四个稳定不动点，其中，

$$x_{3,4} = \frac{1 + a \pm \sqrt{(1+a)(3+a)}}{2} \qquad (3.16)$$

是稳定的，此时 Logistic 系统有周期二解。当 $3 \leqslant a \leqslant 4$ 时，系统具有复杂的动力学形态，从倍周期分岔进入混沌态。图 3.23 和图 3.24 分别为 Logistic 系统状态的演化分岔图及李雅普诺夫指数图。

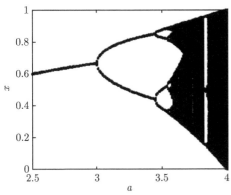
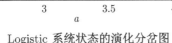
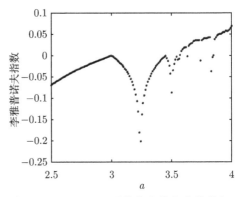

图 3.23　Logistic 系统状态的演化分岔图　　图 3.24　Logistic 系统状态的李雅普诺夫
指数图

3.5　Melnikov 方法

当微弱信号输入到检测系统中时，主要通过系统相图的变化来判断是否含有待测的微弱信号，具有一定的主观性，容易出现误判，检测精度也不高。这里就混沌现象的解析方法 ——Melnikov 方法进行分析介绍。物理和力学中遇到的较多的问题，都可以用二阶常微分方程表示。这种二阶常微分方程通常具有同宿轨道或异宿轨道并且带有弱周期扰动项。可以使用一定的方法对这种系统建立二维庞加莱映射。Melnikov 方法就可以在此发挥作用。按照动力学系统理论，如果一个平面映射存在斯梅尔 (Smale) 马蹄变换，这个映射就具有反映混沌性质的不变集。通常认为，可以用 Melnikov 方法去判定系统是否具有斯梅尔马蹄变换意义下的混沌。

3.5.1 基本概念

(1) 符号动力系统: A 表示一个有限元素集合, $A = \{a_1, a_2, \cdots, a_N\}$。我们把 A 称为字母表, A 中的元素 a_j (其中 $j = 1, 2, \cdots, N$) 称为符号。设 A 的符号多于一个。以 $\sum_A$ 表示一切双向无限的符号序列

$$S = (\cdots, S_{-2}, S_{-1}; S_0, S_1, S_2, \cdots)$$

的集合, 其中 $S_j \in A$ (其中 $j = 0, \pm 1, \pm 2, \cdots$), 记号 ";" 加在零位元素的左方。

在 $\sum_A$ 上定义柱集合 $U_n(b_{-n}, \cdots; b_0, \cdots, b_n) = \{S \in \sum_A | s_j = b_j;$ 对一切 $j, |j| \leqslant n\}$。当 n 取遍一切自然数、b_j 取遍 A 中一切元素时, 所得柱集合的全体构成 $\sum_A$ 的一个可数拓扑基。此时拓扑空间 $\sum_A$ 叫做序列空间。该拓扑空间可以距离化, $\forall S$、$T \in \sum_A$, 定义距离为

$$d(S, T) = \sum_{j=-\infty}^{+\infty} \frac{\delta(s_j, t_j)}{2^{|j|}} \tag{3.17}$$

其中, $\delta(s_j, t_j)$ 定义为

$$\delta(s_j, t_j) = \begin{cases} 0, & \text{当 } s_j = t_j \text{时} \\ 1, & \text{当 } s_j \neq t_j \text{时} \end{cases} \tag{3.18}$$

s_j 和 t_j 是序列 S 和 T 的第 j 位上的符号。可以证明: 在此距离意义下, $\sum_A$ 是一个紧致的、完全的、不连通的距离空间。利用拓扑学中任何紧致、完全、不连通的距离空间都同胚于康托三分集的结论, 可以推出 $\sum_A$ 同胚于康托三分集。

在 $\sum_A$ 上定义一个映射 $\sigma : \sum_A \to \sum_A$, 对于任意 $S \in \sum_A$, 有

$$\sigma(S) = \sigma(\cdots, S_{-2}; S_{-1}; S_0, S_1, S_2, \cdots)$$
$$= (\cdots, S_{-2}, S_{-1}, S_0; S_1, S_2, \cdots) \tag{3.19}$$

即 $(\sigma(S))_j = s_{j+1}$ (其中 $j = 0, \pm 1, \pm 2, \cdots$)。也就是说, 将序列 S 中元素左移一位。映射 σ 是 $\sum_A$ 上的一个同胚, 称为移位自同构。显然, σ 确定了 $\sum_A$ 上的一个动力系统。习惯上把离散动力系统 σ 称为符号动力系统。

因为混沌的一些属性, 可以通过符号动力系统的性质去反映。因此, 把符号动力系统作为描述混沌的一种原始的数学模型。

(2) 拓扑共轭: 拓扑共轭是建立两个系统等价性的一种重要概念。两个动力系统 T_i: $X_i \to X_i$ (其中 $i = 1, 2$), 如存在同胚映射 φ: $X_1 \to X_2$, 使得图 3.25 的变换为可交换, 即 $\varphi \circ T_1 = T_2 \circ \varphi (F(G(x))$ 记为 $F \circ G)$, 则称 (T_1, X_1) 和 (T_2, X_2) 为拓扑共轭。数学上可以证明, 两个拓扑共轭的动力系统在动力学行为上是等价的。因而如果图 3.25 中 $X_1 = \sum_A, T_1 = \sigma$, 就说明 (T_2, X_2) 具有移位自同构 σ 在 $\sum_A$ 上的

动力学性质, 换句话说, 可以认为 T_2 在 X_2 上具有混沌性质。这样, 我们就把讨论系统混沌性质的问题, 转化为所研究系统与 $(\sigma, \sum_A)$ 之间的拓扑共轭关系的问题。

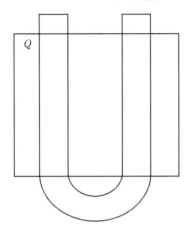

图 3.25 斯梅尔马蹄变换示意图

(3) 斯梅尔马蹄变换: 与移位自同构 σ 在 $\sum_2$ 上建立的动力系统拓扑共轭的最简单的实例是斯梅尔马蹄在其不变集上所产生的动力系统。

考虑平面 R^2 上的正方形 $Q = [-1, 1] \times [-1, 1]$。把正方形 Q 在竖直方向上拉长 (拉伸比 $\mu > 2$), 在水平方向上压缩 (压缩比 $\lambda < 1/2$), 形成一竖直窄长条, 然后弯成马蹄形, 放回到 Q 中, 如图 3.25 所示, 用这样的方法构造了映射 $f: Q \to R^2$。通常就称 f 为斯梅尔马蹄变换。

显然, $V = f(Q) \bigcap Q$ 是由两条不相交竖条 V_0 和 V_1 组成, 即 $V = V_0 \bigcup V_1$, 每条竖条宽度小于 Q 的宽度的一半; V 的逆像 $U = f^{-1}(V)$ 是由两条不相交的横条 $U_0 = f^{-1}(V_0)$ 和 $U_1 = f^{-1}(V_1)$ 组成, 即 $U = U_0 \bigcup U_1$; 每条横条的厚度小于 Q 厚度的一半。

为了建立与符号动力系统的联系, 我们有意把 $f(Q) \bigcap Q$ 的两竖条记为 0. 和 1., $f^{-1}(V)$ 的两条横条也分别记为 .0 和 .1, 这样两横条和两竖条交成四小块, 分别可用 0.0、0.1、1.0、1.1 表示, 如图 3.26 所示。

在上述记号下, $Q \bigcap f(Q) = (0., 1.)$, 其逆像 $f^{-1}(Q) \bigcap Q = (.0, .1)$, 两者的交集为 $\Lambda_1 = (0.0, 0.1, 1.0, 1.1) = f^{-1}(Q) \bigcap Q \bigcap f(Q)$。因 $f(\Lambda_1) = Q \bigcap f(Q) \bigcap f^2(Q) \subset Q$, 所以 Λ_1 中的点在 f 的一次作用下没有跑出 Q。同样可用于验证 $f^{-1}(\Lambda_1) \subset Q$, 故 Λ_1 中的点在 f 的一次逆作用下也留在 Q 内。

再考虑 $f^2(Q)$。它与 $Q \bigcap f(Q)$ 交于四条竖条, 类似地, 也可以记为 $Q \bigcap f(Q) \bigcap f^2(Q) = (00., 10., 11., 01.)$。它由 V 中两条竖条经过 f 作用后生成。同样, 此四条竖条经过 f^{-1} 作用后生成为四条横条, 记为 $f^{-2}(Q) \bigcap f^{-1}(Q) \bigcap Q \bigcap =$

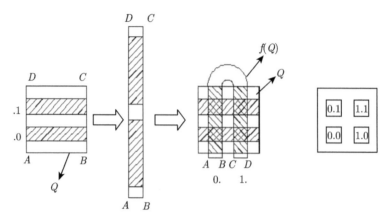

图 3.26 变换示意图

$(.00, .10, .11, .01)$。四条竖条和四条横条交成 16 个小方块,如图 3.27 所示。这 16 个小方块组成的集合为 $\Lambda_2 = f^{-2}(Q) \bigcap f^{-1}(Q) \bigcap Q \bigcap f(Q) \bigcap f^2(Q) = (00.00, 00.01, 00.11, 00.10, \cdots, 01.00, 01.01, 01.11, 11.10)$ 同样可以验证,Λ_2 内的点经过 f、f^2 和 f^{-1}、f^{-2} 作用仍在 Q 内。按同样方法重复进行,可以得到集合 $\Lambda_n = f^{-n}(Q) \bigcap \cdots \bigcap f^{-1}(Q) \bigcap Q \bigcap f(Q) \cdots f^n(Q)$。它是由 2^{2n} 个小方块组成,每个小块可用符号 $a_{-n} \cdots a_{-1} a_1 \cdots a_n$ 表示,其中 $a_j(j = \pm 1, \cdots, \pm n)$ 为 0 或 1。Λ_n 中的点经过 k 次 $(k \leqslant n)$ 变换或逆变换作用后仍在 Q 内。取 $n \to \infty$,得到 f 的不变集 $\Lambda = \lim\limits_{n \to \infty} \Lambda_n$。则 Λ 内的点不论变换多少次,总留在 Q 内。因为 $\mu > 2$,$\lambda < 1/2$,故在 $n \to \infty$ 时,每个小方块都收缩为点,因而 Λ 是一个无穷点集,其中每一个点都可以与用由 0 和 1 构成的双向无穷序列相对应,这就建立了 Λ 与 $\sum_2$ 之间的对应关系。

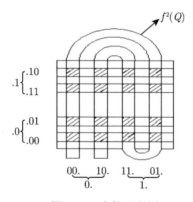

图 3.27 变换示意图

现在再来观察 Λ 中的点在 f 作用下的变化情况。由图 3.27 可见 Λ 中一点原先在方块 1.10 中。它在 f 的作用下到了 11.0 方块之中。因而 f 对 Λ 点的作用相当于移位自同构 σ 对该点所代表的符号序列作用。

以上述讨论为线索,可以从数学上严格证明 (f, Λ) 与 $(\sigma, \sum_2)$ 是拓扑共轭的。换句话说,f 在 Λ 上的动力学行为是混沌的。因而,在动力系统中寻找斯梅尔马蹄变换的存在性便成为研究其混沌性质的一种重要手段。

上述变换是完全理想化的模型,实际上不可能存在,但可以发现这种变换的本质有如下几条:

(i) f 是定义在 "方块" Q 上的一个映射;

(ii) U_i 和 V_i 是 Q 中有限条 "水平条" 和 "竖直条",U_i 互不相交,V_i 也互不相交,且满足 $f(V_i) = U_i$,要求 V_i 的竖直边界映射为 U_i 的竖直边界,V_i 的水平边界映射为 U_i 的水平边界。

当然这的 "方块" "水平条" 和 "竖直条" 形状不起主要作用,可以用一定的数学语言描述对它的要求。一个映射如果满足上述要求,就可以在一定条件下证明这个映射在 Q 的某个不变集上具有斯梅尔马蹄变换意义下的混沌。

(4) 横截同宿点:很多实际问题都不是理想中的斯梅尔马蹄变换。实际中要进行非常细致和困难的估计才能证实斯梅尔马蹄变换,这样做的难度非常大。针对实际问题更加可行的方法是判定横截同宿点的存在性。下面就横截同宿点进行解释。

设 $f: R^2 \to R^2$ 是一个微分同胚映射。如果 $x \in R^2$,满足 $f(x) = x$,x 就称为 f 的不动点。如果 $x \in R^2$,满足 $f^n(x) = x$,且 $f^i(x) \neq x$(其中 $1 \leqslant i < n$),x 就称为 f 的 n 周期点,$\{x, f(x), f^2(x), \cdots, f^{n-1}(x)\}$ 就形成 f 的一条周期轨道。

设 x 为 f 的不动点,如果 f 在 x 处的雅可比矩阵 $Df(x)$ 的特征值模不为 1,则称 x 为 f 的双曲不动点。类似地,对于 f 的周期为 n 的周期点,如 f^n 在 x 处的雅可比矩阵 $Df^n(x)$ 的特征值模不为 1,称周期轨道 $\{x, f(x), f^2(x), \cdots, f^{n-1}(x)\}$ 为双曲周期轨道。特别地,在双曲不动点 x 处,$Df(x)$ 的特征值满足 $|\lambda_1| < 1 < |\lambda_2|$ 时,称 x 为 f 的鞍点。

设 x 为 f 的鞍点,$q = W^s(x) \bigcap W^u(x)$,且 $q \neq x$,我们就称 q 为 x 的同宿点;若进一步要求 $W^s(x)$ 与 $W^u(x)$ 在 q 相交为横截,就称为 q 的横截同宿点,依据稳定流形和不稳定流形的定义,如果 q 为 x 的同宿点,则 q 位于 $W^s(x)$ 和 $W^u(x)$ 上,因而 $f^n(q)$ (其中 $n = 0, \pm 1, \pm 2, \cdots$) 也位于 $W^s(x)$ 和 $W^u(x)$ 上,$f^n(q)$ 也是 x 的同宿点。这样,如果 f 存在一个同宿点,必定就存在无穷多个同宿点。

如果 f 的鞍点 x 的稳定流形和不稳定流形横截相交,即存在横截同宿点 q。我们在 x 点附近取 $W^s(x)$ 小段 B^s 和 $W^u(x)$ 小段 B^u,作小方块 $V = B^u \times B^s$。根据著名的 λ 引理,在 $W^u(x)$ 取含有 q 点的一小段 Δ,对于充分大的 n,$f^n(\Delta) \bigcap V$ 与 B^u 可以充分接近。由这样的事实,利用一些数学技巧,可以证明存在自然数 N,

使得 f^n 在 x 的小邻域内存在斯梅尔马蹄变换。换句话说，如果 f 的鞍点 x 存在横截同宿点，就存在自然数 N 和不变集 Λ，使 f^n 在 Λ 上是拓扑共轭于 σ 在 $\sum_2$ 上的作用。简单地说，如果 f 具有横截同宿点，则 f 具有斯梅尔马蹄变换意义下的混沌。

上述结果还可以作如下推广。设 x_1 和 x_2 为 f 两个不同的鞍点，若存在 $q = W^u(x_1) \bigcap W^s(x_2)$，且 $q \neq x_1$，$q \neq x_2$，q 就称为 f 的异宿点。同样，如果相交是横截的，q 就定义为 f 的横截异宿点。

3.5.2 平面哈密顿系统

为了介绍 Melnikov 方法，首先介绍有关平面哈密顿系统的一些性质。考虑平面上的微分方程：

$$\frac{\mathrm{d}x}{\mathrm{d}t} = f(x), \quad x = \left(\begin{array}{c} u \\ v \end{array} \right), \quad f = \left(\begin{array}{c} f_1 \\ f_2 \end{array} \right) \tag{3.20}$$

其中，f 为 C^r 函数 $(r \geqslant 1)$。如果存在光滑函数 $H(u,v)$，使得 $f_1 = \partial H/\partial v$，$f_2 = -\partial H/\partial u$，即式 (3.20) 满足方程

$$\begin{cases} \dfrac{\mathrm{d}u}{\mathrm{d}t} = \dfrac{\partial H}{\partial v} \\ \dfrac{\mathrm{d}v}{\mathrm{d}t} = -\dfrac{\partial H}{\partial u} \end{cases} \tag{3.21}$$

就称为平面哈密顿系统，其中，$H = H(u,v)$ 称为式 (3.20) 的哈密顿量。

平面哈密顿系统具有如下性质。

(i) 任何有限远的奇点是中心、鞍点和退化鞍点。

(ii) 在中心奇点周围，存在一族周期轨道，它填满了相平面上的某个区域。该区域可以扩充到无穷远 (比如硬弹簧 Duffing 系统)，也可以以连接鞍点的轨线为边界 (比如软弹簧 Duffing 系统)。连结鞍点的轨线有两种情况：一种是在 $t \to \pm\infty$ 时，轨线趋于同一鞍点 (称为同宿轨道)；另一种是在 $t \to \pm\infty$ 时，轨线趋于不同的鞍点 (称为异宿轨道)。成为周期轨道族的边界的，或是同宿轨道形成的异宿圈，或是异宿轨道形成的异宿圈。

(iii) $\nabla \cdot f = \dfrac{\partial f_1}{\partial u} + \dfrac{\partial f_2}{\partial v} = 0$，具有保持相平面不变的特性，即满足刘维尔定理。

3.5.3 Duffing 振子的 Melnikov 函数

该方法的适用条件是未受扰动的平面可积系统存在双曲鞍点和连接鞍点的同宿轨道或异宿环。对于受扰动系统，先通过庞加莱映射将非自治平面系统转化为平面映射。在小扰动的情形下，原系统的双曲鞍点小邻域内有相应平面映射的双曲鞍

点，其稳定流形与不稳定流形之间的距离经过一阶近似简化后可写作一种便于计算的形式，即 Melnikov 函数。

下面以平面非自治系统的同宿轨道受扰受分裂为例来说明该方法，异宿轨道的分析过程也类似。研究下面系统：

$$\dot{x} = f(x) + \varepsilon g(x,t), \quad x \in R^2 \tag{3.22}$$

其中，ε 为小参数；扰动部分 g 为时间 t 的周期函数。设 $\varepsilon = 0$ 时的未扰动系统：

$$\dot{x} = f(x), \quad x \in R^2 \tag{3.23}$$

有一个双曲鞍点 x_s，并可积分出 x_s 的由稳定流形和不稳定流形重合得到的同宿轨道 $x^h(t-\tau)$，使得

$$\lim_{t \to \pm\infty} x^h(t-\tau) = x_s \tag{3.24}$$

初始时刻 τ 可为任意实数。

定义 Melnikov 函数为

$$M(\tau) = \int_{-\infty}^{+\infty} f(x^h(t)) \Lambda g(x^h(t), t+\tau) e^{-\int_0^t \text{tr}(Df(x^h(z)))dz} dt \tag{3.25}$$

式中，Λ 为楔积算子，对于 $a = (a_1, a_2)^T$ 和 $b = (b_1, b_2)^T$ 定义为

$$a\Lambda b = a_1 b_2 - a_2 b_1 \tag{3.26}$$

如果存在 $\tau \in [0, T)$ 使得 $M(\tau) = 0$ 而 $dM(\tau)/d\tau \neq 0$，稳定流形和不稳定流形必横截相交而形成同宿点。根据前面对同宿轨道和异宿轨道的分析可推测此时有可能出现混沌。这种判定稳定流形和不稳定流形相交，进而推导产生横截同宿点条件的方法称为 Melnikov 方法。

$$\ddot{x} + k\dot{x} - x + x^3 = A_d \cos(t) + s(t) \tag{3.27}$$

式中，k 为阻尼比；$-x + x^3$ 为非线性恢复力项；$A_d \cos(t)$ 为驱动信号；$s(t)$ 为有用信号。$s(t) = \varepsilon \cos(\omega_1 t)$；$k = \varepsilon k_1$；$A_d = \varepsilon \gamma_1 \ (0 < \varepsilon \ll 1)$。系统等价为

$$\begin{cases} \dot{x} = y \\ \dot{y} = x - x^3 + \varepsilon(-k_1\dot{x} + \gamma_1 \cos(\omega t)) + \varepsilon \cos(\omega_1 t) \end{cases} \tag{3.28}$$

当 $\varepsilon = 0$ 时，系统为哈密顿系统，变形为

$$\begin{cases} \dot{x} = y \\ \dot{y} = x - x^3 \end{cases} \tag{3.29}$$

系统有三个奇点分别为：$(0,0)$、$(\pm 1, 0)$，考虑奇点 $(0,0)$，它的导算子为

$$Df(0,0) = \begin{pmatrix} 0 & 1 \\ 1 & 0 \end{pmatrix} \tag{3.30}$$

有两个特征值 $\lambda_1 = 1$，$\lambda_2 = -1$，因此它是鞍点，因而是双曲点。下面来求当 $t \to \pm\infty$ 进入或离开 $(0,0)$ 的轨道，即过原点的轨道。

先求哈密顿函数。解偏微分方程组：

$$\begin{cases} \dfrac{\partial H}{\partial y} = y \\ -\dfrac{\partial H}{\partial y} = x - x^3 \end{cases} \tag{3.31}$$

有

$$H = \frac{1}{2}y^2 - \frac{1}{2}x^2 + \frac{1}{4}x^4 \tag{3.32}$$

因而原方程组有一个守恒量：

$$\frac{1}{2}y^2 - \frac{1}{2}x^2 + \frac{1}{4}x^4 = c \tag{3.33}$$

若曲线过原点，则 $c = 0$，因此有

$$y = \pm x\sqrt{1 - \frac{x^2}{2}} \tag{3.34}$$

下面来画出该曲线，考虑其中一支即式 (3.35)

$$y = x\sqrt{1 - \frac{x^2}{2}} \tag{3.35}$$

该曲线与 x 轴的交点分别是 $(-\sqrt{2}, 0)$、$(0,0)$、$(\sqrt{2}, 0)$。又由于

$$y' = \frac{1}{\sqrt{1 - \dfrac{x^2}{2}}}(1 - x^2) \tag{3.36}$$

由此可知，$x = \pm 1$ 是极大点。考虑到对称性，可以画出该曲线为 "∞" 字形。

曲线大致形状可知，接下来确定当 $t \to \pm\infty$ 时，曲线的走向。显然对应于 $\lambda = 1$ 的特征向量为 $(1,1)$，于是 $E^u = \{(x,y) \,|\, y = x\}$。同理 $E^s = \{(x,y) \,|\, y = -x\}$。于是可以画出该曲线的走向如图 3.28 所示。

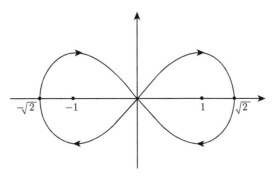

图 3.28   曲线走向图

由图可以看出, 这是两根同宿轨. 另外, 从原方程可知同宿轨满足微分方程 (3.37):

$$\dot{x} = \pm x \sqrt{1 - \frac{x^2}{2}} \tag{3.37}$$

解此方程并利用初始条件可知两根同宿轨与时间的关系为

$$\Gamma_{\pm} : (x_{\pm}^0(t), y_{\pm}^0(t)) = (\pm\sqrt{2}\,\mathrm{sech}t, \mp\sqrt{2}\,\mathrm{sech}t \cdot \tanh t) \tag{3.38}$$

由于其他两个奇点是中心, 因此该系统不存在其他同宿轨, 也不存在其他异宿轨.

原方程的状态方程为

$$\boldsymbol{x} = \begin{pmatrix} x \\ y \end{pmatrix} \tag{3.39}$$

$$f(x) = \begin{pmatrix} y \\ x - x^3 \end{pmatrix} \tag{3.40}$$

$$g(x, t) = \begin{pmatrix} 0 \\ -k\dot{x} + \varepsilon\gamma_1 f\cos(\omega t) + \varepsilon\cos(\omega_1 t) \end{pmatrix} \tag{3.41}$$

由前面的内容可知 Melnikov 函数为

$$M(\tau) = \int_{-\infty}^{+\infty} f(x^h(t)) \Lambda g(x^h(t), t + \tau) \mathrm{e}^{-\int_0^t \mathrm{tr}(Df(x^h(z)))\mathrm{d}z} \mathrm{d}t \tag{3.42}$$

将式 (3.42) 代入 Melnikov 函数可得, 其中,

$$Df(x^h(z)) = \begin{pmatrix} 0 & 1 \\ 1 - 3x^2 & 0 \end{pmatrix} = 0 \tag{3.43}$$

所以

$$M_{\pm}(\tau) = \int_{-\infty}^{+\infty} y \cdot [-ky + \varepsilon\gamma_1\cos(\omega(t+\tau)) + \varepsilon\cos(\omega_1(t+\tau))]\mathrm{d}t$$

$$= \int_{-\infty}^{+\infty} -ky^2\mathrm{d}t + \int_{-\infty}^{+\infty} y \cdot \varepsilon\gamma_1\cos(\omega(t+\tau))\mathrm{d}t$$

$$+ \int_{-\infty}^{+\infty} y \cdot \varepsilon\cos(\omega_1(t+\tau))\mathrm{d}t \tag{3.44}$$

由式 (3.44) 得

$$\int_{-\infty}^{+\infty} -ky^2\mathrm{d}t = -k\int_{-\infty}^{+\infty} 2\mathrm{sech}^2 t\tanh^2 t\mathrm{d}t$$

$$= -k\int_{-\infty}^{+\infty} 2\tanh^2 t\mathrm{d}\tanh t$$

$$= -\frac{4}{3}k \tag{3.45}$$

$$\int_{-\infty}^{+\infty} \varepsilon yf\cos(\omega(t+\tau))\mathrm{d}t$$

$$= \varepsilon\gamma_1\int_{-\infty}^{+\infty} y\cos(\omega(t+\tau))\mathrm{d}t$$

$$= -\sqrt{2}\varepsilon\gamma_1\int_{-\infty}^{+\infty} \mathrm{sech} t\cdot\tanh t\cdot\cos(\omega(t+\tau))\mathrm{d}t$$

$$= -\sqrt{2}\varepsilon\gamma_1\pi\omega\,\mathrm{sech}\left(\frac{\pi\omega}{2}\right)\sin(\omega\tau) \tag{3.46}$$

$$\int_{-\infty}^{+\infty} \varepsilon y\cos(\omega_1(t+\tau))\mathrm{d}t$$

$$= -\sqrt{2}\varepsilon\pi\omega_1\,\mathrm{sech}\left(\frac{\pi\omega_1}{2}\right)\sin(\omega_1\tau) \tag{3.47}$$

通过上式 Melnikov 函数可得到出现混沌阈值的解析表达式，从解析表达式中直接分析使系统产生混沌态的参数条件，有利于做进一步的系统分析。但是，Melnikov 函数是研究实际混沌运动问题时寥寥无几的解析手段之一 [19]。而且，Melnikov 函数只是判断系统进入混沌状态的阈值。利用 Duffing 方程检测微弱信号，需要的是从混沌到大尺度周期状态的阈值。所以，还不能利用解析方法精确地算出状态改变的阈值。要想进一步检测，还需要利用李雅普诺夫指数或者是其他方法估计阈值 [20]，进而检测微弱信号，这是其不足的地方。

3.6   本 章 小 结

　　深入研究混沌系统是混沌理论应用于微弱信号检测的基础, 本章简单地介绍了混沌动力学系统基本理论, 对几种典型的混沌系统: Duffing 系统、双耦合 Duffing 系统、van der Pol 系统、van der Pol-Duffing 系统、Lorenz 系统、Logistic 映射进行了介绍, 揭示出混沌系统的动力学行为非常复杂。本章还介绍了求解混沌阈值的解析方法——Melnikov 方法, 计算出了常用的 Duffing 方程的 Melnikov 函数。

参 考 文 献

[1]　高普云. 非线性动力学 —— 分叉、混沌与孤立子 [M]. 北京: 国防科技大学出版社, 2005.

[2]　Wang G, Chen D, Lin J, et al. The application of chaotic oscillators to weak signal detection[J]. Industrial Electronics, IEEE Transactions on, 1999, 46(2): 440-444.

[3]　李永建. 基于 Duffing 混沌系统的微弱振动信号检测方法研究 [D]. 南京: 南京航空航天大学, 2009.

[4]　武晓春, 张海东, 何永祥. 基于改进型 Duffing 振子模型的 ZPW-2000 移频信号检测方法研究 [J]. 铁道学报, 2016, 38(12): 62-69.

[5]　谢涛, 曹军威, 廉小亲. 混沌振子弱信号检测系统构成及响应速度研究 [J]. 计算机工程与应用, 2015, 51(9): 16-21.

[6]　谢涛, 于重重, 伍英, 吴叶兰. 阵发混沌信号稳定输出及其准确测量研究 [J]. 计算机仿真, 2015, 32(8): 271-275.

[7]　Kovacic I, Brennan M J. The duffing equation: Nonlinear oscillators and their behaviour[J]. Wiley & Sons, 2011, 101(5): 276-301.

[8]　王晓东, 杨绍普, 赵志宏. 基于改进型 Duffing 振子的微弱信号检测研究 [J]. 动力学与控制学报, 2016, 14(3): 283-288.

[9]　Alqahtani A, Khenous H B, Aly S. Synchronization of impulsive real and complex van der Pol oscillators[J]. Applied Mathematics, 2015, 6(6): 922-932.

[10]　Jing Z, Yang Z, Jiang T. Complex dynamics in Duffing-van der Pol equation[J]. Chaos Solitons and Fractals, 2006, 27(3): 722-747.

[11]　Kumar P, Narayanan S, Gupta S. Bifurcation analysis of a stochastically excited Vibro-impact Duffing-van der Pol oscillator with bilateral rigid barriers[J]. International Journal of Mechanical Sciences, 2017, 127: 103-117.

[12]　林延新, 张天舒, 方同. 参激 Duffing-van der Pol 振子的混沌演化与激变 [J]. 东华大学学报 (自然科学版), 2011, 37(2): 246-255.

[13]　孙文军, 芮国胜, 王林, 田文飚. 一种利用 Duffing-van der Pol 振子估计弱信号相位的方法 [J]. 电讯技术, 2016, 56(1): 14-19.

[14] 王晓东, 赵志宏. 基于耦合 Duffing 振子和 van der Pol 振子系统的微弱信号检测研究 [J]. 石家庄铁道大学学报 (自然科学版), 2016, 29(4): 60-65.

[15] Wiggers V, Rech P C. Multistability and organization of periodicity in a van der Pol-Duffing oscillator[J]. Chaos Solitons & Fractals, 2017, 103: 632-637.

[16] Zhao H, Lin Y P, Dai Y X. Hidden attractors and dynamics of a general autonomous van der Pol-Duffing oscillator[J]. International Journal of Bifurcation and Chaos, 2014, 24(6): 1450-1459.

[17] Kumar P, Narayanan S, Gupta S. Investigations on the bifurcation of a noisy Duffing-van der Pol oscillator[J]. Probabilistic Engineering Mechanics, 2016, 45: 70-86.

[18] Leung A Y T, Yang H X, Zhu P. Periodic bifurcation of Duffing-van der Pol oscillators having fractional derivatives and time delay[J]. Communications in Nonlinear Science & Numerical Simulation, 2014, 19(4): 1142-1155.

[19] 杨绍普, 申永军. 滞后非线性系统的分岔与奇异性 [M]. 北京: 科学出版社, 2003.

[20] 李亚峻, 李月. 用 Melnikov 函数的数值积分法估计混沌阈值 [J]. 系统仿真学报, 2004, 16(12): 2692-2695.

第4章 基于 Duffing 振子的微弱信号检测

微弱信号可能是由于故障信号本身的强度弱，也可能是由于湮没在强噪声环境中，因此，需要研究强噪声环境下微弱信号的检测方法。传统的微弱信号检测方法，例如，小波变换方法在信噪比低至一定程度时无法提取有用信号。目前，基于混沌理论的微弱信号检测是研究的热点 [1-5]。

基于混沌系统的微弱信号检测技术利用了混沌系统对初始条件的敏感性以及对噪声具有一定的免疫能力。其基本思想是：首先通过参数调整使混沌系统处于特定的状态下，然后将待测信号作为特定参数的摄动加入混沌系统中，由于混沌系统的状态变化对噪声具有免疫力，而对特定频率的微弱信号非常敏感，即使有用信号的幅值很小，也能引起系统的状态发生改变。因此可以根据混沌系统状态的变化来判断是否存在微弱信号并确定其参数。

用于微弱信号检测的混沌系统有 Duffing 系统、Lorenz 系统等，其中，Duffing 系统 [6-10] 是使用最多的系统，一方面是由于 Duffing 系统是研究较充分的混沌系统，在许多方面具有重要应用；另一方面是由于 Duffing 系统在微弱信号检测方面表现出良好的性能。

基于 Duffing 混沌系统的微弱信号检测理论研究表明，该方法可以检测出非常微弱的信号，而实际应用时却往往发现与理论分析结果相差较远。其中的原因是，理论分析时往往假设待检测信号是由某一频率信号与高斯白噪声组成，而实测信号并不是仅由某一频率的有用信号和噪声组成，其中往往包括多种频率成分，其他频率成分干扰信号的存在影响了特定频率微弱信号的提取。如何在含有周期干扰信号的情况下进行特定频率成分的微弱信号检测，对工程应用有直接影响，因此这是一个重要的研究课题。为了研究存在周期干扰信号情况下的微弱信号检测，本章针对存在两个频率信号 (一个为待检测有用信号频率，另一个为周期干扰信号频率) 情况下的 Duffing 系统微弱信号检测进行研究。

4.1 含周期干扰信号的 Duffing 方程

1918 年，Duffing 引入一个带有立方项的非线性振子来描述许多机械问题中的弹簧效应，提出了 Duffing 方程，如式 (4.1)：

$$\ddot{x} + k\dot{x} - ax + bx^3 = F\cos(\omega t) \tag{4.1}$$

式中, $k \geqslant 0$ 为阻尼系数; a 和 b 分别表示弹簧的线性和非线性刚性系数, F 为外部周期驱动力的振幅。

Duffing 方程主要包括两类, 一类是使用参数 $a = 1, b = 1$ 得到的 $-x + x^3$ 作为非线性恢复力项; 另一类是使用 $-x^3 + x^5$ 作为非线性恢复力项。文献 [2] 经过研究指出, 使用 $-x^3 + x^5$ 作为非线性恢复力项的 Duffing 系统在检测信号的灵敏度和工作稳定性方面要优于 $-x + x^3$ 作为非线性恢复力项的 Duffing 系统, 因此, 本章使用 $-x^3 + x^5$ 作为非线性非线性恢复力项。本章用于微弱信号检测的 Duffing 方程为

$$\ddot{x} + k\dot{x} - x^3 + x^5 = F\cos(\omega t) \tag{4.2}$$

含有周期信号干扰的 Duffing 方程为

$$\ddot{x} + k\dot{x} - x^3 + x^5 = F_1\cos(\omega_1 t) + F_2\cos(\omega_2 t + \varphi) \tag{4.3}$$

其中, $F_1\cos(\omega_1 t)$ 是待检测的有用频率信号, $F_2\cos(\omega_2 t + \varphi)$ 是存在的周期干扰信号。其动力学方程为

$$\begin{cases} \dot{x} = y \\ \dot{y} = -ky + x^3 - x^5 + F_1\cos(\omega_1 t) + F_2\cos(\omega_2 t + \varphi) \end{cases} \tag{4.4}$$

4.2　含周期干扰信号 Duffing 振子微弱信号检测

基于 Duffing 方程 (4.1) 的微弱信号检测原理为 [11]: 当 F 从小到大变化时, 系统行为依次经历小周期状态、混沌状态、大尺度周期状态。系统从混沌状态进入大尺度周期状态存在一个临界阈值 F_c, 当超过阈值 F_c 时, Duffing 振子以外加周期力的频率进行大尺度的周期运动。进行微弱信号检测的常用方法是, 将 F 设置为稍小于 F_c 的值, 然后将待检测的信号作为周期策动力的摄动加入系统, 通过观测 Duffing 振子相轨迹的变化, 确定待检测信号中是否含有周期微弱信号。

将 Duffing 方程 (4.3) 的系统参数设置为 $k = 0.5$, 这是 Duffing 方程研究文献中最常使用的参数。这时方程 (4.3) 变为

$$\ddot{x} + 0.5\dot{x} - x^3 + x^5 = F_1\cos(\omega_1 t) + F_2\cos(\omega_2 t + \varphi) \tag{4.5}$$

保持周期干扰信号 $F_2\cos(\omega_2 t + \varphi)$ 不变, 实验观察 Duffing 方程 (4.5) 状态随幅值 F_1 变化的情况。经过大量的实验, 得到双频激励 Duffing 振子随着 F_1 从小到大的变化, 依次经历小周期状态 (围绕一个焦点运动, 如图 4.1 所示)、混沌状态 (图 4.2)、大尺度周期状态 (图 4.3), 从混沌状态到大尺度周期状态存在一个阈值 F_c(常被称作临界值, 处于混沌状态, 但是在转化为大尺度周期状态的边缘), 当 $F_1 > F_c$ 时, 系统进入大尺度周期状态。

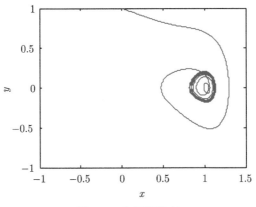

图 4.1 小周期状态

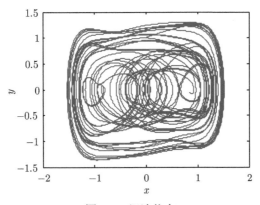

图 4.2 混沌状态

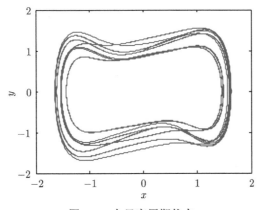

图 4.3 大尺度周期状态

方程 (4.5) 用于微弱信号检测的模型为

$$\ddot{x} + 0.5\dot{x} - x^3 + x^5 = F_c \cos(\omega_1 t) + F_2 \cos(\omega_2 t + \varphi) + s(t) \tag{4.6}$$

其中，$s(t) = A\cos(\omega t) + \sigma\varepsilon(t)$ 是待检测的信号，$F_2\cos(\omega_2 t)$ 是系统存在的周期性干扰信号，F_c 是使系统式 (4.5) 由混沌状态进入大尺度周期状态的临界值。如果信号 $s(t)$ 中的 ω 与 ω_1 相等，则 $s(t)$ 即使很小的幅值也会引起系统状态的改变，从而检测到微弱周期信号 $A\cos(\omega_1 t)$。

需要说明的是，含周期干扰信号的 Duffing 系统的大尺度周期状态的相轨迹比没有周期干扰信号的 Duffing 系统的相轨迹复杂得多，这是由于第二个周期信号的存在，增加了 Duffing 系统运行状态的复杂性。

4.3　仿　真　实　验

研究周期干扰信号的存在对 Duffing 振子微弱信号检测的影响，主要通过李雅普诺夫指数来进行分析，李雅普诺夫指数的计算采用文献 [12] 中的方法。李雅普诺夫指数在微弱信号检测中起着非常重要的作用，如果李雅普诺夫指数大于 0，则认为系统处于混沌状态；如果李雅普诺夫指数小于 0，则系统处于非混沌状态。利用 Duffing 振子进行微弱信号检测时，一般将系统设置为临界混沌状态 (李雅普诺夫指数大于 0)，当有特定频率微弱信号存在时，系统会进入大尺度周期状态 (李雅普诺夫指数小于 0)。因此，可以通过李雅普诺夫指数的变化来检测微弱信号。在下面的实验中，利用龙格–库塔方法进行计算，仿真步长取 0.01，Duffing 方程的初始值设为 (0,1)。

4.3.1　周期干扰信号幅值的影响

研究周期干扰信号幅值 F_2 的影响，取 $\omega_1 = 1$，$\omega_2 = 1.3$，$\varphi = 0$，改变 F_2 的值，通过最大李雅普诺夫指数观察系统的动力学行为。图 4.4 为 F_2 取不同幅值时得到的最大李雅普诺夫指数曲线，F_2 的取值分别为 0.2, 0.5, 1, 2。由图 4.4 可以看出，周期干扰信号的幅值对 Duffing 振子的动力学行为影响非常大，随着 F_2 值的变化，李雅普诺夫指数的变化非常明显。当 F_2 为 1 时，F_1 只要取很小的值，系统就处于混沌状态，这主要是由于周期干扰信号使系统进入混沌状态。当 $F_2 = 2$ 时，李雅普诺夫指数小于零，说明系统没有混沌状态，进一步画出 $F_1 = 0.01, F_2 = 2$ 时的系统相图如图 4.5 所示，从图 4.5 中可以看出，Duffing 振子的状态为大尺度周期状态，这是由于周期干扰信号非常强，已经使系统进入了大尺度周期状态。从图 4.5 中可以得出结论，如果检测信号中存在一个非常强的周期干扰信号，使系统会进入大尺度周期状态，从而引起对微弱信号检测的误判。

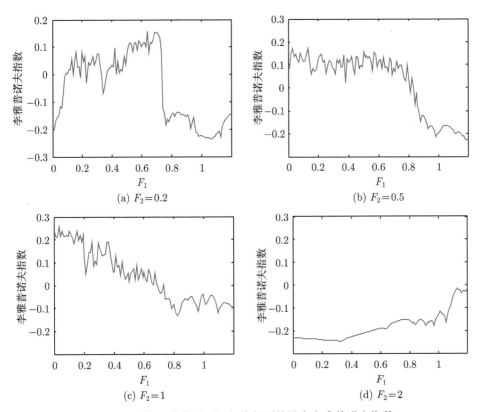

图 4.4 周期干扰信号不同幅值得到的最大李雅普诺夫指数

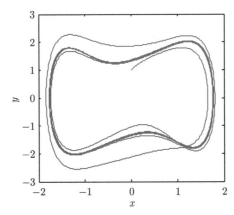

图 4.5 $F_1 = 0.01, F_2 = 2$ 时的系统相图

4.3.2 周期干扰信号频率的影响

研究周期干扰信号频率 ω_2 对 Duffing 振子动力学行为的影响, 保持其他参数的值不变, 改变 ω_2 的值, 得到 ω_2 在不同取值下的最大李雅普诺夫指数。参数取值

为 $\omega_1 = 1, F_2 = 0.3, \varphi = 0$。分别画出 ω_2 为 0.8, 1.2, 1.5, 2.0 时，Duffing 振子的最大李雅普诺夫指数如图 4.6 所示，从图 4.6 中可以看到，随着 ω_2 取值的改变，Duffing 振子李雅普诺夫指数也会跟着改变，可以从李雅普诺夫指数图中得出系统的混沌区域发生了改变。特别是当 $\omega_2 = 2$ 时，对系统的影响比较大，在某些频率及其附近混沌行为消失，另外，混沌状态的临界值也发生了变化，增加了混沌状态与非混沌状态之间的转化，这些因素增加了微弱信号检测的难度。

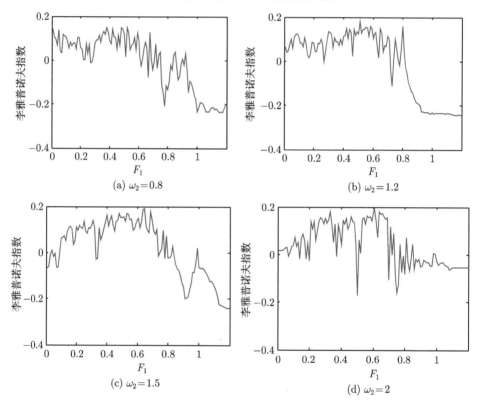

图 4.6   周期干扰信号不同频率得到的最大李雅普诺夫指数

4.3.3 微弱信号检测实验

通过与无周期干扰信号 Duffing 振子微弱信号检测进行对比，研究周期干扰信号对基于 Duffing 振子微弱信号检测的影响。

1. 无周期干扰信号 Duffing 振子实验

无周期干扰信号 Duffing 振子的微弱信号检测模型为

$$\ddot{x} + 0.5\dot{x} - x^3 + x^5 = F\cos(t) + s(t) \tag{4.7}$$

其中，$s(t) = A\cos(t) + \sigma\varepsilon(t)$ 为待检测信号，$\varepsilon(t)$ 表示均值为 0，方差为 1 的高斯白噪声，σ 为噪声信号的强度。将 F 设置为没有 $s(t)$ 时，Duffing 振子为混沌状态时的临界值 F_c。通过仿真实验研究，F_c 的值设定为 0.714。图 4.7 为 F 取 0.714 时，Duffing 振子为临界混沌状态时的相图。图 4.8 为 F 取 0.715 时，Duffing 振子为大尺度周期状态时的相图。

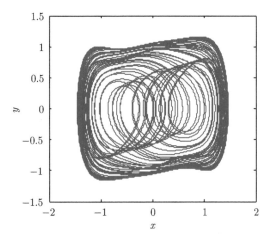

图 4.7 临界混沌状态

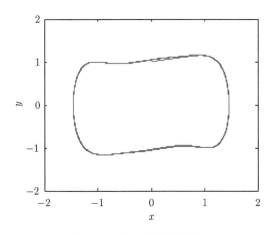

图 4.8 大尺度周期状态

为了测试方程 (4.7) 的微弱信号检测能力，设置 $s(t) = 0.01\cos(t) + \sigma\varepsilon(t)$，改变 σ 的值，测试方程 (4.7) 能检测噪声强度的最大值。实验结果表明，当 $\sigma \leqslant 0.19$ 时，能够正确检测幅值为 0.01 的微弱周期信号。图 4.9 为 σ 取不同值时得到的相图。因此，可以得出系统方程 (4.7) 能够检测的微弱信号的信噪比大于：

$$\mathrm{SNR} = 10\lg\left(0.5\frac{a^2}{\sigma^2}\right) = 10\lg\left(0.5 \times \frac{0.01^2}{0.19^2}\right) \approx -28.5854(\mathrm{dB})$$

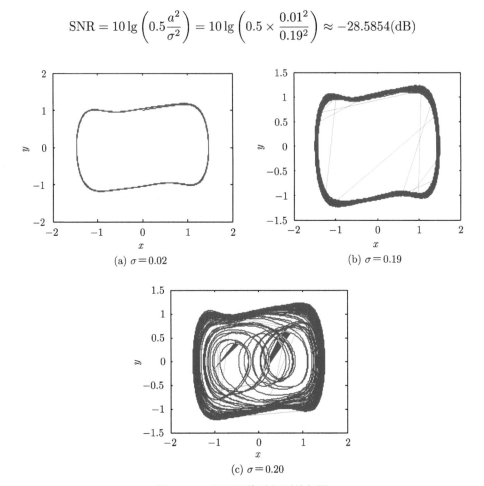

图 4.9 σ 取不同值时得到的相图

2. 含周期干扰信号的 Duffing 振子实验

含周期干扰信号的 Duffing 振子微弱信号检测模型为

$$\ddot{x} + 0.5\dot{x} - x^3 + x^5 = F_1\cos(t) + 0.3\cos(1.3t) + s(t) \tag{4.8}$$

其中, $s(t)$ 与式 (4.7) 中相同。同样将 F_1 设置为没有 $s(t)$ 时 Duffing 振子为混沌状态时的临界值 F_c。通过实验研究, F_c 的值设定为 0.739。

图 4.10 为 F 取 0.739 时, Duffing 振子为临界混沌状态时的相图。图 4.11 为 F 取 0.740 时, Duffing 振子为大尺度周期状态时的相图。比较图 4.11 与图 4.8 可以知道, 当存在周期干扰信号时, 大尺度周期状态的相图要变得复杂, 有多个周期轨道存在。

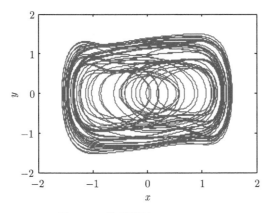

图 4.10 临界混沌 $F_1 = 0.739$

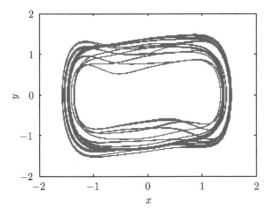

图 4.11 大尺度周期状态 $F_1 = 0.740$

按照上面的方法测试方程 (4.8) 的微弱信号检测能力, 设置 $s(t) = 0.01\cos(t) + \sigma\varepsilon(t)$, 改变 σ 的值, 测试方程 (4.8) 能检测噪声强度的最大值。实验结果表明, 当 $\sigma \leqslant 0.10$ 时, 能够正确检测幅值为 0.01 的微弱周期信号。图 4.12 为 σ 取不同值时得到的相图。因此, 可以得出系统方程 (4.8) 能够检测的微弱信号的信噪比大于:

$$\text{SNR} = 10\lg\left(0.5\frac{a^2}{\sigma^2}\right) = 10\lg\left(0.5 \times \frac{0.01^2}{0.1^2}\right) \approx -23.0103(\text{dB})$$

与没有周期干扰信号的 Duffing 振子相比, 可以发现, 首先, 用于微弱信号检测的 Duffing 振子的阈值发生了改变; 其次, 能够检测的微弱信号的信噪比增大; 另外, 含有周期干扰信号的 Duffing 振子的大尺度周期状态相轨迹复杂了很多, 这给微弱信号检测带来了困难。

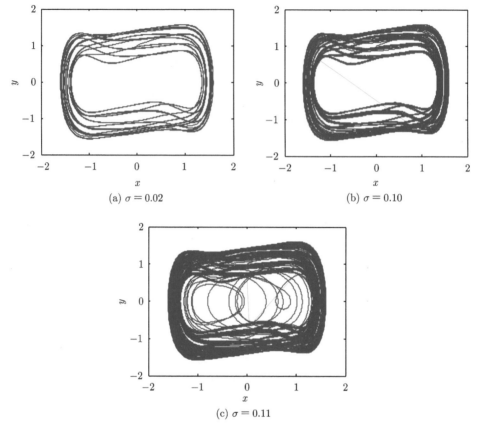

(a) $\sigma = 0.02$

(b) $\sigma = 0.10$

(c) $\sigma = 0.11$

图 4.12 σ 取不同值时得到的相图

4.4 本 章 小 结

本章研究了含周期干扰信号的 Duffing 振子的微弱信号检测，分别研究了周期干扰信号的幅值、频率对 Duffing 系统李雅普诺夫指数的影响，并对无周期干扰信号与有周期干扰信号情况下的微弱信号检测进行了对比实验。从实验结果中可以得到以下结论：① 周期干扰信号的存在会影响 Duffing 振子微弱信号检测，当周期干扰信号比较强时，即使没有待检测频率的信号也会使系统进入大尺度周期状态，从而引起错误检测结果；② 周期干扰信号的存在会引起 Duffing 振子微弱信号检测阈值的变化，可能使微弱信号检测不到，因为使得混沌状态到大周期状态的阈值变大；③ 不同周期干扰信号的频率对 Duffing 振子微弱信号检测的影响不同，在某些频率信号的干扰下，可能会引起 Duffing 系统混沌区域的变化；④ 周期干扰信号会使得 Duffing 振子动力学行为变得复杂从而增加系统状态识别的难度，进一步使得对微弱信号的检测变得更加困难。如何克服周期干扰信号对 Duffing 振子微弱信号检测的影响使之能够更有效地应用是需要进一步研究的内容。

参 考 文 献

[1] Wang G, Chen D, Lin J, et al. The application of chaotic oscillators to weak signal detection[J]. IEEE Transactions on Industrial Electronics, 1999, 46(2): 440-444.

[2] 李月, 杨宝俊. 混沌振子系统 (L-Y) 与检测 [M]. 北京: 科学出版社, 2007.

[3] 李月, 杨宝俊, 林红波, 等. 基于特定混沌系统微弱谐波信号频率检测的理论分析与仿真[J]. 物理学报, 2005, 54(5): 1994-1999.

[4] Li Y, Yang B J, Du L J, et al. The bifurcation threshold value of the chaos detection system for a weak signal[J]. Chinese Physics, 2003, 12(7): 714-720.

[5] 高振斌, 刘晓哲, 郑娜. Duffing 混沌振子微弱信号检测方法研究 [J]. 重庆邮电大学学报, 2013, 25(4): 440-444.

[6] Hu N Q, Wen X S. The application of Duffing oscillator in characteristic signal detection of early fault[J]. Journal of Sound and Vibration, 2003, 268(5): 917-931.

[7] Wang G, He S. A quantitative study on detection and estimation of weak signals by using chaotic Duffing oscillators[J]. IEEE Transactions on Circuits and Systems I: Fundamental Theory and Applications, 2003, 50(7): 945-953.

[8] Li Y, Yang B J, Ye Y. Analysis of a kind of Duffing oscillator system used to detect weak signals[J]. Chinese Physics, 2007, 16(4): 1072-1076.

[9] 邓小英, 刘海波, 龙腾. 一个用于检测微弱复信号的新 Duffing 型复混沌振子 [J]. 科学通报, 2012, 57(13): 1176-1182.

[10] 范剑, 赵文礼, 王万强. 基于 Duffing 振子的微弱周期信号混沌检测性能研究 [J]. 物理学报, 2013, 62(18): 180502.

[11] 张勇, 纪国宜. 基于混沌振子和小波理论检测微弱信号的研究 [J]. 电子测量技术, 2009, 32(6): 40-43.

[12] Wolf A, Swift J B, Swinney H L, et al. Determining Lyapunov exponents from a time series[J]. Physica D: Nonlinear Phenomena, 1985, 16(3): 285-317.

第5章 基于双耦合 Duffing 振子的微弱信号检测

利用 Duffing 混沌振子进行微弱信号检测的方法已经屡见不鲜, 但是大多数研究的都是单 Duffing 振子系统, 而且在某些方面具有一定的缺陷, 相对而言对双耦合 Duffing 振子的研究则比较少, 双耦合 Duffing 振子是高维时空混沌系统, 其同步和控制过程为不同领域提供了可能。同步是耦合非线性系统合作行为最基本的表现, 也是物理学、生物医学、机械等学科在非线性问题研究中的一个很重要的课题。本章将两个 Duffing 振子进行耦合, 研究其复杂的非线性动力学行为并将其应用于微弱信号检测。

5.1 双耦合 Duffing 振子非线性动力学行为分析

经典的 Duffing 振子已经很常见, 近年来, 一些专家、学者对于单 Duffing 振子的研究比较深入, 但是对于双耦合 Duffing 振子的研究还比较少。

5.1.1 双耦合 Duffing 振子模型

除文献 [1,2] 中曾采用过的对位移相进行耦合的方式外, 未见有其他方式的耦合, 根据 Duffing 振子的特性以及数学方程式的特征, 本章采用对阻尼项进行耦合的方式, 建立数学模型如式 (5.1):

$$\begin{cases} \ddot{x} + k\dot{x} - c(\dot{u} - \dot{x}) - x + x^3 = 0 \\ \ddot{u} + k\dot{u} - c(\dot{x} - \dot{u}) - u + u^3 = 0 \end{cases} \tag{5.1}$$

式中, k 表示阻尼系数, 一般取 $k = 0.5$; c 表示耦合系数; $(-x + x^3)$ 表示非线性恢复力。在不受外界扰动的情况下, 此系统的运行轨迹是比较简单的, 当受到外界扰动时, 系统表现出更加丰富的动力学特性, 更具有研究价值。根据以往单 Duffing 振子的研究过程, 现使此系统同时受到一个外界强迫激励 (正弦信号) 作为外界的扰动, 然后分析其复杂的非线性动力学行为:

$$\begin{cases} \ddot{x} + k\dot{x} - c(\dot{u} - \dot{x}) - x + x^3 = \gamma \cos(\omega t + \theta) \\ \ddot{u} + k\dot{u} - c(\dot{x} - \dot{u}) - u + u^3 = \gamma \cos(\omega t + \theta) \end{cases} \tag{5.2}$$

在上述式 (5.2) 数学模型中, 取 $\theta = 0$, 耦合系数 $c = 2$, 外界策动力的周期频率 $\omega = 1.0\mathrm{rad/s}$, 通过改变策动力 γ, 从小到大依次递增, 发现此系统会出现同宿轨道、倍周期分岔、混沌和周期的现象。

5.1.2 耦合系数的影响

在式 (5.2) 中，c 表示耦合系数，它的取值影响着整个系统状态变化，取值越大说明耦合的强度越高，两个振子间的同步性越强，取值越小，两振子的相互作用有所减弱，但是不会消失，直到当 $c=0$ 时，两个振子之间的耦合作用完全消失。当 $c \neq 0$ 时，系统变量会在耦合的相互影响下随时间的推移逐渐趋于同步。由图 5.1 可以看出两个系统在 $t=12\mathrm{s}$ 后很快达到了同步行为，相当于一个稳定系统，而且通过对耦合系数 c 从小到大依次取不同的数值进行大量实验仿真，实验结果表明阻尼耦合的情况与位移耦合情况正好相反，阻尼耦合系数越大，相同步的时间越长，这是合理的。

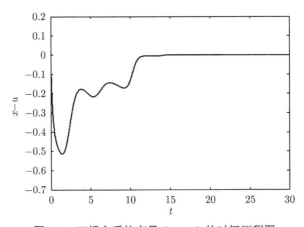

图 5.1 双耦合系统变量 $(x-u)$ 的时间历程图

5.1.3 双耦合 Duffing 振子的分岔分析

分岔是指非线性系统随着某个参数变化而发生质变的非线性动力学现象，是研究非线性系统的一个很重要的指标。分岔现象不仅能够直观反映出各种状态之间的相互联系，也是研究混沌产生机理的一种很重要的表现形式。分岔与混沌系统稳定性之间有着密切的联系。图 5.2 是此双耦合 Duffing 振子系统在特定参数 $(k=0.5, c=2, \omega=1.0\mathrm{rad/s})$ 下的分岔图。通过图 5.2 可以看出：当 $\gamma \neq 0$ 时，随着 γ 从小到大的依次增大，系统呈现出时而混沌时而周期的交替现象，当 γ 较小时，系统表现为单周期状态；继续增大 γ，大概在 $\gamma=0.35$ 时，系统出现倍周期分岔，表现为双周期状态；随着 γ 继续增大，系统出现混沌状态；但是在 $\gamma=0.82$ 附近以后，系统状态不再杂乱无章而是表现为简单的单周期运动。

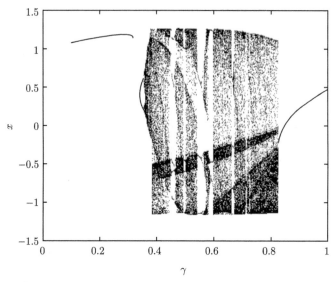

图 5.2　双耦合 Duffing 振子系统分岔图

x 方向位移随 F 的分岔图

5.2　双耦合 Duffing 振子微弱信号检测

这里采用的微弱信号检测原理与第 4 章基于 Duffing 振子的微弱信号检测的原理和方法相同，都是采用基于相平面变化的原理，这里不再过多地赘述，此方法清楚、直观，操作方便。

5.2.1　Simulink 仿真模型

根据式 (5.2) 的数学模型，建立了双耦合 Duffing 振子非线性系统的 Simulink 仿真模型如图 5.3 所示，实验所选定参数设置为：采用定步长四阶龙格–库塔方法研究，取步长 $h = 0.01\text{s}$，耦合系数 $c = 2$，固定其他参数，通过改变策动力幅值 γ，观察系统状态的变化。当 γ 较小时，系统输出相轨迹表现为相点围绕焦点作周期振荡；继续增大 γ，当 γ 达到临界值 $\gamma_\text{d} = 0.826$ 时，系统经历各种不同的相态：同宿轨道、倍周期分岔、混沌运动 (图 5.4(a))，系统在混沌状态的区域相对较长 (由分岔图也可以看出)，而且相轨迹局限在一定范围内，即混沌系统的有界性。继续增大策动力幅值 γ，耦合非线性系统状态发生质的改变，由混沌状态进入到临界周期状态。此时稍微增加 γ 超过 γ_d，系统将以外界周期力的频率进行大尺度的周期振荡 (图 5.4(b))，此后系统将在固定的轨道上振荡下去。

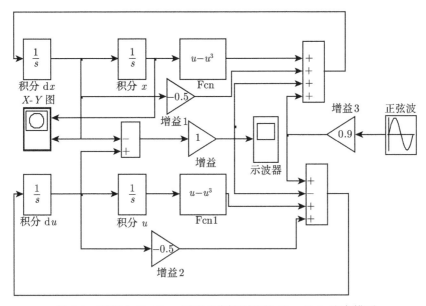

图 5.3 双耦合 Duffing 振子非线性系统的 Simulink 仿真模型

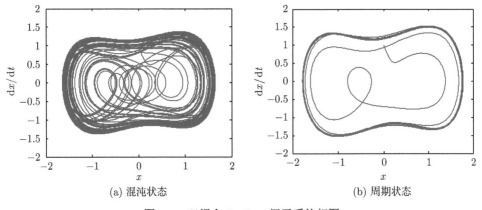

(a) 混沌状态   (b) 周期状态

图 5.4 双耦合 Duffing 振子系统相图

5.2.2 初相位对临界阈值的影响

$\gamma \cos(\omega t + \theta)$ 代表内置驱动力，其中 θ 表示初相位，一般情况下，大多都默认为 $\theta = 0$，但是在正弦波形图上观察，θ 对整个波形的形状是没有影响的，只是将整个波形在横轴上进行了移动。那么，作为混沌系统驱动力的初始信号，θ 是否对系统的状态变化有影响呢？答案是肯定的。非线性混沌系统因为参数的改变会有较明显的变化，当系统其他参数确定以后，通过依次改变初相位 θ 的值，然后利用 Simulink 仿真实验，找到各自状态下的临界阈值，然后进行分析，表 5.1 是通过大量仿真实验得到的每个初相位下的临界阈值。

表 5.1　初相位对临界阈值的影响

相位	阈值	相位	阈值	相位	阈值	相位	阈值
0	0.826	$\pi/2$	0.826	π	0.826	$3\pi/2$	0.826
$\pi/6$	0.827	$2\pi/3$	0.828	$7\pi/6$	0.826	$5\pi/3$	0.827
$\pi/3$	0.826	$5\pi/6$	0.826	$4\pi/3$	0.826	$11\pi/6$	0.826

已知表 5.1 中各个初相位对应的临界阈值，可以通过绘图的方法得到以下临界阈值随初相位变化的曲线如图 5.5 所示。对于混沌检测系统，临界阈值的确定是至关重要的，它精确与否直接影响着微弱信号检测效果的好坏，因此我们应该尽可能地研究与临界阈值有关的因素，使得系统能够得到一个合理的参数匹配，求得精确的临界阈值。

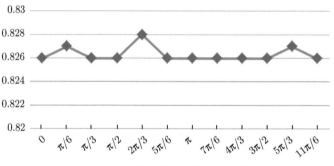

图 5.5　临界阈值随初相位的变化情况

通过图 5.5 可以看出，初相位 θ 在一定程度上对临界阈值的选择产生了影响，但是没有明显的变化规律，多数情况下临界阈值还是相同的，不受初相位的影响。即使在某些初相位下临界阈值不同时，也是在某个小范围内进行波动。当需要检测微弱周期信号，其检测精度 (数量级) 不是很高时，初相位对整个系统检测的效果影响不大，但是随着检测精度越来越大时，就要选择合适相位下的精确阈值，这样才能达到一个很好的检测效果。但是一般情况下，还是选取 $\theta = 0$，直接输入的是一个标准的正弦信号，这样更易于分析。

5.3　基于双耦合 Duffing 振子的微弱正弦信号检测实验

正弦信号作为外界驱动力来研究具有代表性，很多专家、学者通过不同混沌系统已经实现对微弱正弦信号的检测。本节将实现非线性耦合系统对微弱正弦信号的检测，进而进行深入的研究。根据双耦合 Duffing 振子系统动力学行为特点，建立了微弱周期信号检测的数学模型如式 (5.3)：

$$\begin{cases} \ddot{x} + k\dot{x} - c(\dot{u} - \dot{x}) - x + x^3 = \gamma\cos(\omega t + \theta) + s(t) \\ \ddot{u} + k\dot{u} - c(\dot{x} - \dot{u}) - u + u^3 = \gamma\cos(\omega t + \theta) + s(t) \end{cases} \tag{5.3}$$

式中，$s(t) = a\cos(\omega t + \varphi) + \varepsilon \cdot \sigma(t)$，$a\cos(\omega t + \varphi)$ 为待测信号，$\sigma(t)$ 为方差为 1，均值为 0 的高斯白噪声；$\gamma\cos(\omega t + \theta)$ 为内置信号。但是为了减少计算量，实现各个未知频率周期信号的检测，对方程 (5.3) 进行时间尺度的变换。

令 $t = \omega\tau$，则有

$$x(t) = x(\omega\tau)$$

$$\dot{x}(t) = \frac{\mathrm{d}x(t)}{\mathrm{d}t} = \frac{\mathrm{d}x(\omega\tau)}{\mathrm{d}(\omega\tau)} = \frac{1}{\omega}\frac{\mathrm{d}x(\omega\tau)}{\mathrm{d}\tau} \tag{5.4}$$

$$\ddot{x}(t) = \frac{\mathrm{d}\left(\dfrac{1}{\omega}x(\omega\tau)\right)}{\mathrm{d}(\omega\tau)} = \frac{1}{\omega^2}\frac{\mathrm{d}x^2(\omega\tau)}{\mathrm{d}\tau^2} \tag{5.5}$$

同理有

$$\ddot{u}(t) = \frac{\mathrm{d}\left(\dfrac{1}{\omega}u(\omega\tau)\right)}{\mathrm{d}(\omega\tau)} = \frac{1}{\omega^2}\frac{\mathrm{d}u^2(\omega\tau)}{\mathrm{d}\tau^2} \tag{5.6}$$

将式 (5.4)~ 式 (5.6) 代入方程 (5.3) 整理得

$$\begin{cases} \dfrac{1}{\omega^2}\ddot{x}(\omega\tau) + \dfrac{k}{\omega}\dot{x}(\omega\tau) - x(\omega\tau) + x^3(\omega\tau) + \dfrac{c}{\omega}(\dot{x}(\omega\tau) - \dot{u}(\omega\tau)) \\ = \gamma\cos(\omega\tau) + s(\omega\tau) \\ \dfrac{1}{\omega^2}\ddot{u}(\omega\tau) + \dfrac{k}{\omega}\dot{u}(\omega\tau) - u(\omega\tau) + u^3(\omega\tau) + \dfrac{c}{\omega}(\dot{u}(\omega\tau) - \dot{x}(\omega\tau)) \\ = \gamma\cos(\omega\tau) + s(\omega\tau) \end{cases} \tag{5.7}$$

将 $x_3 = \dfrac{1}{x}\dfrac{\mathrm{d}x}{\mathrm{d}\tau}$，$x_2 = \dfrac{1}{u}\dfrac{\mathrm{d}u}{\mathrm{d}\tau}$ 代入式 (5.7) 中，得系统的状态方程 (5.8)：

$$\begin{cases} \dot{x} = \omega x_3 \\ \dot{x}_3 = \omega(-kx_3 + x - x^3 - c(x_3 - x_2) + \gamma\cos(\omega\tau) + s(\omega\tau)) \\ \dot{u} = \omega x_2 \\ \dot{x}_2 = \omega(-ku_2 + u - u^3 - c(x_2 - x_3) + \gamma\cos(\omega\tau) + s(\omega\tau)) \end{cases} \tag{5.8}$$

在进行各种不同频率微弱周期信号检测时，不再需要重新设置系统参数，只需调整 ω 的值就可以实现各个频率信号的检测。此系统检测原理与一般 Duffing 振

子系统的检测原理一样 (即选择从临界周期到周期的轨迹相变作为判断系统输入时是否带有与策动力相同的频率周期信号的依据)。

当输入待测信号后,整个系统的驱动力变为

$$
\begin{aligned}
A(t) &= \gamma \cos(\omega\tau + \theta) + a \cos(\omega\tau + \varphi) \\
&= \gamma \left[\cos(\omega\tau)\cos(\theta) - \sin(\omega\tau)\sin(\theta)\right] \\
&\quad + a \left[\cos(\omega\tau)\cos(\varphi) - \sin(\omega\tau)\sin(\varphi)\right]
\end{aligned}
\tag{5.9}
$$

一般情况下,取 $\theta = 0$,这时:

$$
\begin{aligned}
A(t) &= [\gamma + a\cos(\varphi)]\cos(\omega\tau) - a\sin(\varphi)\sin(\omega\tau) \\
&= \gamma(\tau)\cos(\omega\tau + \varphi(\tau))
\end{aligned}
\tag{5.10}
$$

其中,

$$
\begin{aligned}
\gamma(\tau) &= \sqrt{\gamma^2 + a^2 + 2\gamma a \cos(\varphi)} \\
\varphi(\tau) &= \arctan\left(\frac{a\sin(\varphi)}{a\cos(\varphi) + \gamma}\right)
\end{aligned}
\tag{5.11}
$$

由以上推导过程可以看出系统状态和相位之间的关系。这就需要在进行微弱周期信号检测时,通过调整 γ 使待测信号的相位满足式: $\pi - \arccos(a/2\gamma) \leqslant \varphi \leqslant \pi + \arccos(a/2\gamma)$,使系统处于混沌状态,不产生到大周期的变化。否则,信号检测将出现错误的判断。当系统没有同频率待测的周期信号输入时,系统输出呈现如图 5.6(a) 所示的杂乱无章的混沌状态。当系统有相同频率的待测周期信号 $a\cos(\omega t)$,其中 $a = 0.003$ 输入系统时,系统输出呈现如图 5.6(b) 的大周期状态 (前期有个不稳定的过渡状态,随后进入稳定的大周期)。

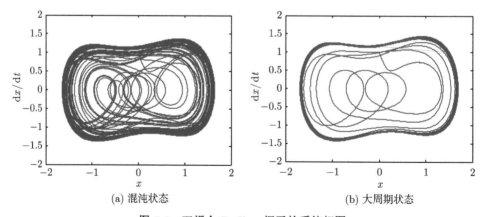

(a) 混沌状态　　　　　　　　　　　(b) 大周期状态

图 5.6　双耦合 Duffing 振子的系统相图

上述双耦合 Duffing 振子非线性系统的相态变化的仿真结果显示，根据信噪比的计算方法，可求得此时在高斯白噪声背景下的信噪比检测的门限为

$$\text{SNR} = 10 \lg \frac{1}{2} \frac{a^2}{\sigma^2} = 10 \lg \frac{\frac{1}{2} \times 0.003^2}{0.1} \approx -37.45 (\text{dB}) \tag{5.12}$$

传统方法对于在信噪比 -10dB 以下的信号很难检测到，因而一些传统方法存在一定的局限性，即很难实现强噪声背景下的微弱信号检测，同时也体现出了混沌检测系统具有很好的优势，即能够实现低信噪比下的微弱信号检测。混沌振子系统能够达到很低的信噪比，有研究显示可以达到 -120dB，并且也可以获得比较好的效果，因此混沌系统具有很好的研究价值和发展前景。

5.3.1 相位对幅值检测的影响分析

假如我们所输入的周期信号的幅值是未知的，根据相图识别理论，系统输出相轨迹由混沌状态变为周期状态，此时可以通过调节系统的临界阈值 γ_d，使系统输出状态正好又由周期状态变为混沌状态，则记下此时的策动力幅值为 γ_0。

由此根据推理便求得待测信号的幅值为 $\gamma = \gamma_\text{d} - \gamma_0$。

当幅值 γ 在上述范围内，相位差 φ 的存在会对检测精度产生一定的影响。

假设混沌系统由于 γ 的递减已经到达了临界状态，此时 $A(t) = \gamma_\text{d}$。即

$$\sqrt{\gamma^2 + a^2 + 2\gamma a \cos(\varphi)} = \gamma_\text{d} \tag{5.13}$$

$$\gamma^2 + a^2 + 2\gamma a \cos(\varphi) = \gamma_\text{d}^2 \tag{5.14}$$

$$\gamma = \frac{-2a\cos(\varphi) \pm \sqrt{4(a^2\cos^2(\varphi) - a^2 + \gamma_\text{d}^2)}}{2} \quad \text{（舍去负根）} \tag{5.15}$$

所以

$$\gamma_0 = \sqrt{a^2\cos^2(\varphi) - a^2 + \gamma_\text{d}^2} = \sqrt{\gamma_\text{d}^2 - a^2\sin^2(\varphi)} - a\cos(\varphi) \tag{5.16}$$

通过推导得到未知信号的理论幅值为

$$\gamma = \gamma_\text{d} - \gamma_0 = \gamma_\text{d} - \sqrt{\gamma_\text{d}^2 - a^2\sin^2(\varphi)} + a\cos(\varphi) \tag{5.17}$$

理论测量误差为

$$\delta = \frac{\gamma - \gamma_0}{\gamma_0} \times 100\% = \frac{\gamma(1 - \cos(\varphi)) + \sqrt{\gamma_\text{d}^2 - a^2\sin^2(\varphi)}}{\gamma_0} \times 100\% \tag{5.18}$$

由以上的推导过程可知，相位差在某种程度上会对测量结果产生影响，存在一定的误差。上述都是数值模拟实验，因为是根据实验需要设定的待测信号，所以一些参数都是知道的，但是对于一些未知的信号，尤其是待测信号的初相位很难预测，不是人为能够掌控的。因此对于真实信号幅值的大小，很难得到一个理论的精确值。

5.3.2　与单 Duffing 振子比较

双耦合 Duffing 振子系统的动力学行为具有复杂性也有其独特的优点,通过和 Duffing 振子系统比较,实验分析其优越性:在两种系统检测模型中,只包含内置周期策动力。此实验仅是针对两种检测系统的稳定性和抗噪性的比较,而不是实现周期信号的检测,所以未将待测的微弱周期信号单独写出。对于微弱信号检测,系统经临界状态进入大尺度周期状态,这个过程的稳定性对于系统的判别很重要,只有准确地判断,才能实现有效的微弱信号检测,这里分别对两种系统在不同强度噪声背景中的稳定性进行分析。

为了对比两组不同的实验效果,选取了两组不同的噪声背景,分别在不同的情况下,观察系统相轨迹的变化情况。两种不同强度的噪声,噪声幅值分别为 0.1 和 0.3,仿真实验发现:两个混沌系统在不同强度噪声背景中的周期运动相态如图 5.7 所示,在不同强度噪声背景下,双耦合 Duffing 振子系统都能够稳定地在固定的轨道

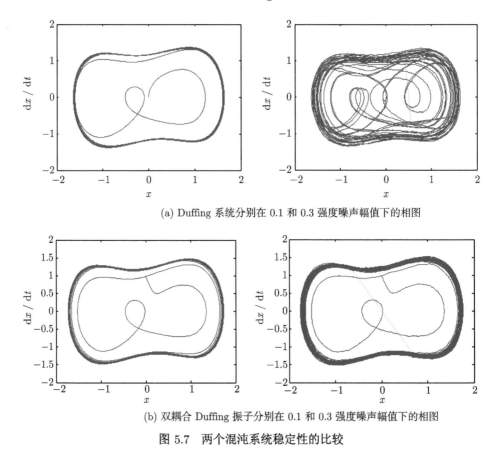

(a) Duffing 系统分别在 0.1 和 0.3 强度噪声幅值下的相图

(b) 双耦合 Duffing 振子分别在 0.1 和 0.3 强度噪声幅值下的相图

图 5.7　两个混沌系统稳定性的比较

上运动, 说明其抗噪性能及稳定性相对比较好, 而单 Duffing 振子系统在强噪声下存在不稳定性, 由于存在噪声, 两系统的运行轨迹都较粗糙。因此, 对噪声的免疫力不是绝对的, 在一定条件下噪声对两混沌系统都产生了影响。

5.4 微弱脉冲信号检测实验

脉冲信号是一种常见的信号, 形式多种多样, 但具有一定的周期性, 因此也就为混沌振子检测微弱脉冲信号提供了可能性。最常见的脉冲信号是矩形波 (方波), 工程实际中有很多信号可以用脉冲信号来表示: 高性能的时钟信号、脉冲编码调制、脉冲宽度调制、各种数字电路等。因此, 对脉冲信号的研究很有意义和价值。

考虑到研究最多、最普遍、最常见的就是方波脉冲信号, 本节选取方波信号进行研究, 图 5.8 是基于 Simulink 中脉冲发生器模块产生的一组信号, 图 5.8(a) 为占空比为 50% 的标准方波信号, 图 5.8(b) 为占空比为 5% 的类方波信号, 然后通过输入端加入到双耦合 Duffing 振子检测系统中进行模拟实验。可以很明显看出由图 5.8 所示的脉冲信号具有直流分量, 直流分量的存在相当于使系统的策动力整体有所变化, 通过大量的仿真实验分析验证得知:

(1) 当占空比 <50% 时, 系统的策动力有所降低, 吸引子作用相空间靠近焦点 $(-1, 0)$;

(2) 当占空比 >50% 时, 系统的策动力有所升高, 吸引子作用相空间靠近焦点 $(+1, 0)$。

由以上分析结果和规律可以得知: 针对不同类型的周期脉冲信号的检测, 通过调节检测系统的策动力来适应不同占空比的信号。

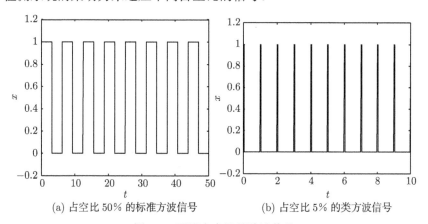

(a) 占空比 50% 的标准方波信号　　　　(b) 占空比 5% 的类方波信号

图 5.8　不同占空比的脉冲信号

　　由上述分析可知占空比 >50% 和占空比 <50% 的脉冲信号是对称的形式, 而占空比 =50% 的脉冲信号是一种特殊形式, 根据其对称性只需研究其中的一半就可预知另一半的情况。本节仅对占空比为 50% 的脉冲信号进行了研究, 由于未受直流分量的影响, 可以看出信号形式与正弦信号一样, 其研究方法也是一样的。但是对于占空比非 50% 的情况, 由于对称性, 我们只需要相应地调节系统参数, 对策动力做出相应的变化, 即 "增加策动力" 或 "减小策动力" 就可以实现对此种信号的研究。该信号的检测原理和方法与微弱正弦信号也是一样的, 然后把该信号 (占空比为 50% 的脉冲信号) 和噪声并在一起输入到系统当中 (如图 5.9 所示的混合信号), 通过大量实验仿真表明, 此微弱脉冲信号检测的内驱动力依然可以是正弦信号 (与脉冲信号同频率), 不再需要改变内驱动力的波形, 调节好此系统的临界阈值, 进行仿真实验, 通过观察系统输出相轨迹的变化, 来判断是否存在微弱周期脉冲信号。

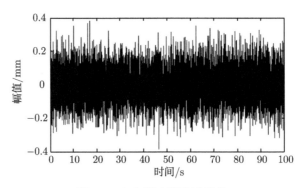

图 5.9　加入噪声的脉冲信号

　　系统相轨迹的变化如图 5.10 所示, 双耦合 Duffing 振子从混沌状态转变为大周期状态, 可以看出双耦合 Duffing 振子能有效地检测出混在噪声中的微弱方波脉冲

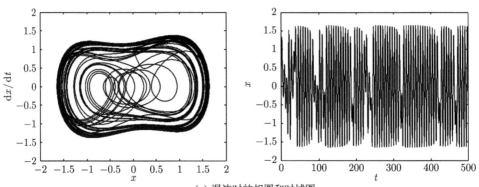

(a) 混沌时的相图和时域图

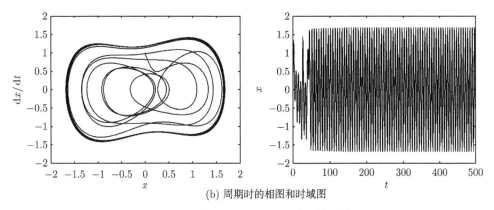

(b) 周期时的相图和时域图

图 5.10 双耦合 Duffing 振子的系统响应

信号, 取得了较好的检测效果。为以后在数字电路、雷达通信等故障信号方面的检测提供了一种可能, 具有一定的研究价值。

5.5 轴承早期故障微弱信号检测实验

轴承是旋转机械中最为常见且易损坏的部件之一, 因此发现轴承早期的故障以避免后期故障造成的巨大损失显得尤为重要。如何在故障的早期发展阶段及时发现故障, 是故障诊断研究者一直需要解决的问题。

前面 5.3 节和 5.4 节是通过计算机数值仿真模拟实验, 进行混沌系统微弱信号检测的验证, 并取得了很好的效果, 但是在工程实际中, 现场采集的信号是否也能够达到理想的效果呢? 下面做了一组实验数据分析, 采用美国凯斯西储大学 (CWRU) 的轴承故障实验数据[3], 轴承型号是 SKF 公司的 6205-2RS 深沟球轴承, 其结构参数如表 5.2 所示。

表 5.2 轴承的结构参数

滚动体数目	滚动体直径 d/mm	轴承节径 D/mm	轴承压力角 α/(°)
9	8.1818	44.2	0

此深沟球轴承故障形式是人工采用电火花技术加工的单点损伤, 其加工直径为 0.007in(1in=2.54cm), 电机主轴转速为 1797 r/min, 采样频率为 12000 Hz, 根据表格中的各个参数计算出轴承内圈的故障频率为 156.2 Hz。采用 16 通道振动加速度传感器采集信号, 将采集的振动信号输入到 Matlab 中, 得到其时域图和频谱图如图 5.11 所示, 由图很难观测出其故障特征频率。

然后将上述采集好的轴承故障数据, 通过计算机导入到预先设置好的耦合系统 (调到临界周期状态, 并且把内置驱动力的频率改为 $\omega = 2 \times \pi \times f = 312.4 \times \pi$)

中，观测系统相轨迹的变化情况如图 5.12 所示，可以清楚直观地发现，计算机通过系统识别，经过短暂的过渡状态，稳定在一个大周期状态上。因此系统相图的前后变化情况可以说明轴承的故障信号被检测出来，同时证实所提出的方法对轴承的故障识别具有一定的可行性。

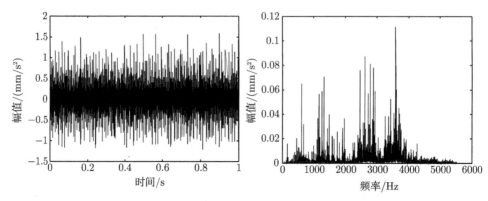

图 5.11　故障轴承信号的时域图与频谱图

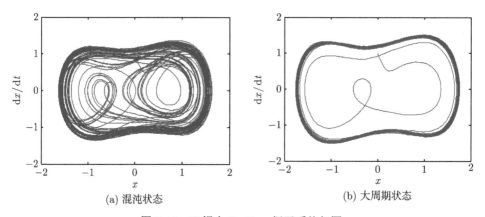

(a) 混沌状态　　　　　　　　　　　(b) 大周期状态

图 5.12　双耦合 Duffing 振子系统相图

5.6　本 章 小 结

　　本章针对噪声背景下对微弱信号检测的不足，提出了将两个完全相同的 Duffing 振子进行耦合同步，实现微弱周期信号检测。分析其丰富的动力学行为特性，利用双耦合 Duffing 振子对正弦和脉冲周期信号进行检测，取得了很好的效果，与单 Duffing 振子检测系统相比，具有更好的稳定性，最后，通过对真实轴承故障信号的实验验证，实现了对轴承早期微弱故障信号的检测。

参 考 文 献

[1] 杨东升, 李乐, 杨珺, 等. 基于双耦合混沌振子的未知频率弱信号检测 [J]. 东北大学学报, 2012, 33(9): 1226-1230.

[2] 李月, 路鹏, 杨宝俊, 赵雪平. 用一类特定的双耦合 Duffing 振子系统检测强噪声背景中的周期信号 [J]. 物理学报, 2006, 55(4): 1672-1677.

[3] http://github.com/yyxyz/Case Western Reserve University Data [OL]. Bearing Data Center Website, Case Western Reserve University.

第6章 基于耦合 van der Pol-Duffing 振子的微弱信号检测

Duffing 振子是检测微弱信号最常用的混沌振子, 其良好的抗噪能力和对微弱信号的敏感性使其在微弱信号检测方面应用比较广泛, 但进一步研究其他混沌振子是否能够检测微弱信号是很有必要的。van der Pol-Duffing 振子的动力学行为, 例如, 混沌和分岔等非常具有代表性, 并且常被用来解决物理、医学甚至生物学等领域的问题, 它的同步和控制过程使其在众多领域都具有实际应用价值。与单混沌振子相比, 耦合系统的动力学行为更为复杂, 因而越来越受到学者的关注, 众多研究领域开始应用耦合混沌混沌系统来描述和处理物理过程 [1,2]。本章基于耦合 van der Pol-Duffing 振子建立了混沌系统, 并将此系统应用于微弱信号检测, 取得了较好的检测效果。

6.1 耦合 van der Pol-Duffing 系统模型

在第 3 章中对 van der Pol-Duffing 振子作了简单的描述, 它是一个二阶非线性微分方程, 动力学行为非常丰富, 例如, 混沌、分岔、周期运动。本章建立了耦合混沌检测系统, 数学表达式如式 (6.1) 所示:

$$\begin{cases} \ddot{x} + \alpha_1\left[(x^2+y^2+z^2)-1\right]\dot{x} + \beta_1\dot{x} = f\cos(\omega t + \theta) \\ \ddot{y} + \alpha_2\left[(x^2+y^2+z^2)-1\right]\dot{y} + \beta_2 y = f\cos(\omega t + \theta) \\ \ddot{z} + \alpha_3\left[(x^2+y^2+z^2)-1\right]\dot{z} + \beta_3 z = f\cos(\omega t + \theta) \end{cases} \tag{6.1}$$

式中, x, y, z 是用来模拟系统状态的无量纲变量; $\alpha_1,\alpha_2,\alpha_3$ 是阻尼系数; β_1,β_2,β_3 是刚度系数; $f\cos(\omega t + \theta)$ 是参考信号; f 是幅值; ω 是频率; θ 表示初相位, 通常情况下, 选取 $\theta = 0$。

当其他参数取固定值, 耦合 van der Pol-Duffing 系统的相轨迹会随着幅值 f 的增大而不断变化, 呈现出不同的输出状态。对于式 (6.1), 待检信号输入系统时, 同样可以通过观察系统处于混沌态还是周期态来判别待检信号中是否存在微弱信号。通过引入六个变量: x_1, x_2, x_3, x_4, x_5, x_6 可将式 (6.1) 转化为一阶形式, 可

得到状态方程为

$$
\begin{cases}
\dot{x}_1 = x_2 \\
\dot{x}_2 = -\alpha_1[(x_1^2 + x_3^2 + x_5^2) - 1]x_2 - \beta_1 x_1 + f\cos(\omega t + \theta) \\
\dot{x}_3 = x_4 \\
\dot{x}_4 = -\alpha_2[(x_1^2 + x_3^2 + x_5^2) - 1]x_4 - \beta_2 x_3 + f\cos(\omega t + \theta) \\
\dot{x}_5 = x_6 \\
\dot{x}_6 = -\alpha_3[(x_1^2 + x_3^2 + x_5^2) - 1]x_6 - \beta_3 x_5 + f\cos(\omega t + \theta)
\end{cases}
\tag{6.2}
$$

6.2 不同系统参数对动力学行为的影响分析

系统参数的变化会导致混沌振子的动力学行为发生改变，本节通过画出耦合系统在两组系统参数下的分岔图来研究系统参数对耦合系统动力学行为的影响。分岔是指系统的某一参数到达临界值时，系统行为突然发生改变的现象，它和系统的结构稳定性之间的联系非常紧密。

对于式 (6.2)，第一组参数取为 $\alpha_1 = 2.1$，$\alpha_2 = 3.0$，$\alpha_3 = 2.6$，$\beta_1 = 1.1$，$\beta_2 = 1.2$，$\beta_3 = 1.0$，$\omega = 4.2$，第二组参数取为 $\alpha_1 = 3.0$，$\alpha_2 = 3.2$，$\alpha_3 = 3.0$，$\beta_1 = 1.1$，$\beta_2 = 1.2$，$\beta_3 = 1.0$，$\omega = 3.6$。图 6.1 是在初值都为 0 的条件下，应用 Matlab 软件画出的第一组参数下耦合系统的分岔图。通过该分岔图可以观察到当参考信号的幅值 f 逐渐变大时，由于非线性特点，耦合系统出现了倍周期分岔、混沌态和周期态的现象，参考信号的幅值 f 作为该图的控制参数，f 的取值区间为 $[5, 9]$，步长为 0.0025。由分岔图可知，参考信号的幅值 $f = 5.5$ 时，耦合系统处于稳定的周期态；参考信号的幅值 $f = 6$ 时，耦合系统处于混沌态，通过 Simulink 画出相应的相轨迹，如图 6.2 所示。

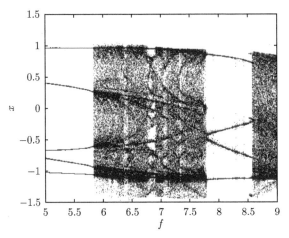

图 6.1 第一组参数下耦合系统的分岔图

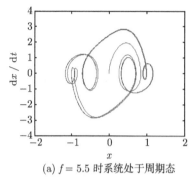
(a) $f = 5.5$ 时系统处于周期态

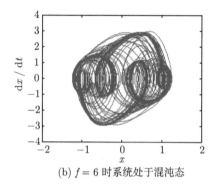
(b) $f = 6$ 时系统处于混沌态

图 6.2　第一组参数下耦合系统的相轨迹

　　图 6.3 是第二组参数下耦合系统的分岔图，参考信号 f 的取值范围为$[2, 7]$。图 6.4(a) 和 (b) 分别是 $f = 2.2$ 和 2.3 时耦合系统处于混沌态和周期态的相图。对比两组参数下耦合系统的分岔图和相图可知，参数的变化使得耦合系统的动力学行为发生了明显改变，说明系统参数影响该耦合系统的动力学行为，不同的系统参数会导致不同的动力学行为。

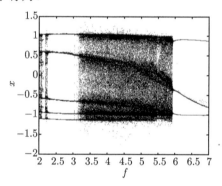

图 6.3　第二组参数下耦合系统的分岔图

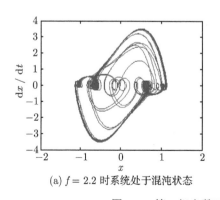
(a) $f = 2.2$ 时系统处于混沌状态

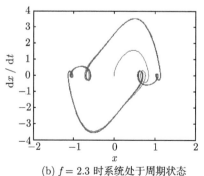
(b) $f = 2.3$ 时系统处于周期状态

图 6.4　第二组参数下耦合系统的相轨迹

6.3 分岔图与二分法确定系统临界阈值

本节的目的是确定耦合系统的相轨迹从混沌态变化到周期态的临界阈值。确定临界阈值是混沌检测法的一个关键步骤，该步骤保证了混沌系统能够很好地完成对微弱信号的检测。为了解决之前求解阈值耗时过长的问题，本节应用分岔图和二分法快速搜索确定混沌系统的临界阈值。因为用二分法求取最优解非常的快捷，可用其来精确定位混沌系统的临界阈值。

图 6.5 是耦合系统的一个局部分岔图，由图中可以看出耦合系统的临界阈值 f_e 的大致范围在 0.75～0.8。确定了临界阈值的大致范围后，可通过二分法快速搜索耦合系统的临界阈值，步骤如下：

(1) 由于 $f = 0.75$ 对应系统的混沌态，0.8 对应周期态，可取 0.75～0.8 的中间值 $f = 0.775$。

(2) 通过观察相图可知 $f = 0.775$ 对应混沌态，所以临界阈值的取值范围为 0.775～0.8。以 0.01 为步长使 f 从 0.775 增加到 0.785，该值对应混沌态，0.795 对应周期态，取二者中间值 $f = 0.79$。

(3) 由于 $f = 0.79$ 对应周期态，因此临界阈值的取值范围可进一步缩小为 0.785～0.79。以步长 0.001 使 f 增加到 0.789，此值对应混沌态，取 0.789 和 0.79 的中间值 $f = 0.7895$。

(4) 由于 0.7895 对应周期态，因而临界阈值的取值范围是 0.789～0.7895。

(5) 最终确定耦合系统的临界阈值 f_e 为 0.789，$f = 0.789$ 和 $f = 0.7895$ 所对应的相图如图 6.6(a) 和图 6.6(b) 所示。

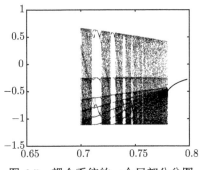

图 6.5 耦合系统的一个局部分岔图

通过以上步骤来确定混沌系统的临界阈值不仅搜索速度较快，精确度也比较高，说明了分岔图和二分法相结合的方法对搜索混沌系统的临界阈值具有可行性。

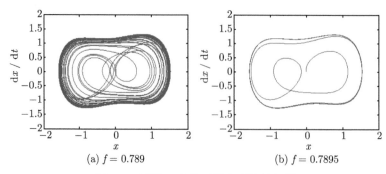

(a) $f = 0.789$　　　　　　　　　(b) $f = 0.7895$

图 6.6　不同 f 取值下耦合系统的相图

6.4　耦合 van der Pol-Duffing 系统微弱信号检测实验

耦合 van der Pol-Duffing 系统微弱信号检测实验仍使用前面介绍的基于相轨迹变化的微弱信号检测原理，该方法具有操作简单、观察直接的优点。

6.4.1　微弱信号检测 Simulink 仿真模型

根据式 (6.1) 建立耦合 van der Pol-Duffing 系统的 Simulink 仿真模型如图 6.7

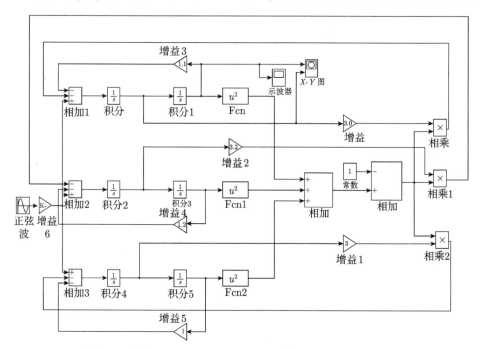

图 6.7　耦合 van der Pol-Duffing 系统的 Simulink 仿真模型

所示。该模型参数设置如下：采用定步长四阶龙格–库塔方法进行仿真，步长设为 0.01s，选取 6.2 节的第二组系统参数 ($\alpha_1 = 3.0, \alpha_2 = 3.2, \alpha_3 = 3.0, \beta_1 = 1.1, \beta_2 = 1.2, \beta_3 = 1.0, \omega = 3.6$)，初值都取为 0。

6.4.2 微弱信号检测分析

向耦合系统输入微弱正弦信号和噪声后，由式 (6.1) 可得

$$\begin{cases} \ddot{x} + \alpha_1 \left[(x^2 + y^2 + z^2) - 1 \right] \dot{x} + \beta_1 x = f_e \cos(\omega t + \theta) + a \cos(\omega t + \theta) + n(t) \\ \ddot{y} + \alpha_2 \left[(x^2 + y^2 + z^2) - 1 \right] \dot{y} + \beta_2 y = f_e \cos(\omega t + \theta) + a \cos(\omega t + \theta) + n(t) \\ \ddot{z} + \alpha_3 \left[(x^2 + y^2 + z^2) - 1 \right] \dot{z} + \beta_3 z = f_e \cos(\omega t + \theta) + a \cos(\omega t + \theta) + n(t) \end{cases}$$

$$(6.3)$$

式中，$a\cos(\omega t + \theta)$ 是微弱正弦信号；a 为幅值；$n(t) = \sigma \cdot \varepsilon(t)$ 为高斯白噪声。

当 $f_e = 2.265, a = 0, \sigma = 1$，即对系统输入纯噪声时，系统处于混沌状态，如图 6.8(a) 所示；当 $a = 0.002, \sigma = 0.03$，即微弱正弦信号和噪声一同输入系统时，系统处于周期状态，如图 6.8(b) 所示。仿真结果说明噪声并不能使耦合系统的相轨迹发生改变，即该系统具有一定的抗噪能力并且对微弱正弦信号敏感。

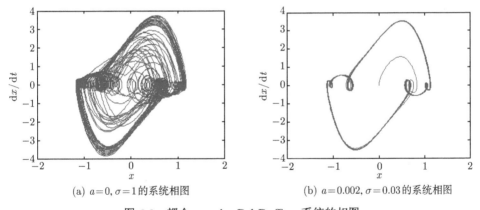

(a) $a=0, \sigma=1$ 的系统相图　　　　　(b) $a=0.002, \sigma=0.03$ 的系统相图

图 6.8　耦合 van der Pol-Duffing 系统的相图

6.4.3 噪声对耦合 van der Pol-Duffing 系统的影响

为了研究噪声对耦合系统的影响，本节把不同强度的噪声输入耦合系统来观察系统相轨迹的变化。参考信号的幅值 $f = 2.5$ 时，耦合系统处于周期态。对耦合系统输入 $\sigma = 0.1$ 的噪声时，耦合系统的运行轨迹并未发生变化，仍保持在周期状态。但在噪声的干扰下，耦合系统的运行轨迹边界变得有些粗糙，说明耦合系统对噪声具有一定的免疫力，如图 6.9(a) 所示。当 σ 由 0.1 增大到 0.3 时，由图 6.9(b) 可知系统不再保持周期态，而是处于杂乱无章的混沌态，还可看出虽然此时的噪声比较强烈，但运行轨迹仍然在一定的范围内运动，说明混沌吸引子对运行轨迹具有

一定的束缚作用。当参考信号幅值为 2.267 时，由图 6.9(c) 可知耦合系统仍保持在周期态，此时输入 $\sigma = 0.1$ 的高斯白噪声，由图 6.9(d) 可知此时的耦合系统并不能如图 6.9(a) 所示一样处于周期态，而是处于混沌态。

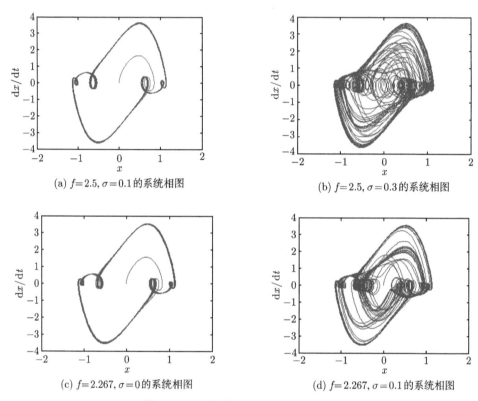

(a) f=2.5, σ=0.1 的系统相图

(b) f=2.5, σ=0.3 的系统相图

(c) f=2.267, σ=0 的系统相图

(d) f=2.267, σ=0.1 的系统相图

图 6.9   不同幅值下噪声对系统的影响

为了检测耦合系统检测微弱信号的能力，现对高斯白噪声 $n(t) = \sigma \cdot \varepsilon(t)$ 中的 σ 进行取值。当 σ 的值分别为 0.047 和 0.048 时耦合系统的相轨迹如图 6.10(a) 和 (b) 所示，由此，可得出结论，当 $\sigma \leqslant 0.047$ 时，系统能检测出微弱正弦信号，并可计算出信噪比门限为

$$\text{SNR} = 10 \lg \frac{1}{2} \frac{a^2}{\sigma^2} = 10 \lg \left(0.5 \times \frac{0.002^2}{0.047^2} \right) \approx -30 (\text{dB}) \tag{6.4}$$

时域检测方法可以检测到的信噪比门限最低只有 -10 dB，而本章所提出的耦合 van der Pol-Duffing 混沌系统可检测到的信噪比门限达到了 -30 dB，与传统时域检测方法相比，大大降低了微弱信号的信噪比门限，说明该耦合系统在微弱信号检测领域具有一定的优势。

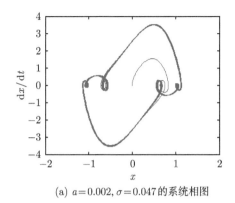 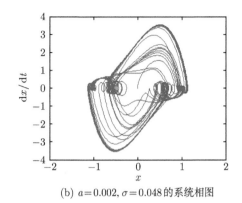

(a) $a=0.002, \sigma=0.047$ 的系统相图   (b) $a=0.002, \sigma=0.048$ 的系统相图

图 6.10 噪声变化对系统相轨迹的影响

6.4.4 微弱信号与参考信号不同频率时对检测的影响

为了研究微弱信号的频率不同于参考信号的频率时对检测的影响，设参考信号为 $2.265\cos(3.6t)$，微弱正弦信号为 $0.035\cos(\omega t)$，本节 ω 取值分别为 1 rad/s 和 5 rad/s。把频率分别为 1 rad/s 和 5 rad/s 的微弱正弦信号输入到耦合系统后的相图如图 6.11(a) 和 (b) 所示，表明系统仍处于混沌态。仿真实验表明当微弱正弦信号的频率与参考信号的频率不同时，系统并不会发生相变，也就是说系统无法检测与参考信号不同频率的微弱正弦信号。

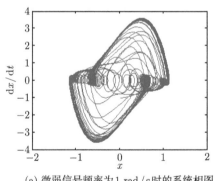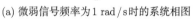 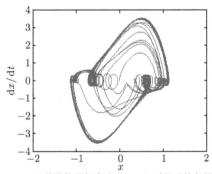

(a) 微弱信号频率为 1 rad/s 时的系统相图   (b) 微弱信号频率为 5 rad/s 时的系统相图

图 6.11 微弱信号频率变化对检测的影响

6.4.5 微弱信号与参考信号不同相位时对检测的影响

设参考信号为 $f_{\mathrm{e}}\cos(\omega t)$，微弱正弦信号为 $a\cos(\omega t + \theta)$ 以考虑微弱正弦信号与参考信号相位不同时对检测带来的影响。则有

$$F(t) = f_{\mathrm{e}}\cos(\omega t) + a\cos(\omega t + \theta) = (f_{\mathrm{e}} + a\cos\theta)\cos(\omega t) - a\sin\theta\sin(\omega t)$$

$$= f(t)\cos(\omega t + \varphi(t)) \tag{6.5}$$

式中, $f(t) = \sqrt{f_e^2 + 2f_e a \cos\theta + a^2}$; $\varphi(t) = \arctan(a\sin\theta/f_e + a\cos\theta)$。

　　式 (6.5) 表明当 $\pi - \arccos(a/(2f_e)) \leqslant \theta \leqslant \pi + \arccos(a/(2f_e))$, 并且 $f(t) \leqslant f_e$ 时, 系统不会发生相变。

6.5　本章小结

　　本章建立了基于耦合 van der Pol-Duffing 振子的微弱信号检测系统, 根据耦合方程建立了 Simulink 仿真模型, 比较了两组参数下系统的动力学行为。仿真结果表明此系统对微弱周期信号敏感, 对噪声具有一定的免疫力, 相比于传统方法来说, 该耦合系统大大降低了微弱信号的信噪比门限, 该检测方法值得进一步的研究和探索。

参 考 文 献

[1] 杨东升, 李乐, 杨珺, 等. 基于双耦合混沌振子的未知频率弱信号检测 [J]. 东北大学学报, 2012, 33(9): 1226-1230.

[2] 李月, 路鹏, 杨宝俊, 赵雪平. 用一类特定的双耦合 Duffing 振子系统检测强噪声背景中的周期信号 [J]. 物理学报, 2006, 55(4): 1672-1677.

第 7 章　改进的基于 van der Pol-Duffing 振子的微弱信号检测方法

利用互相关检测微弱信号的优点在于它能够过滤掉一部分噪声，缺点是检测到的微弱信号的信噪比门限比较高且频率已知。基于混沌振子的微弱信号检测法的优点在于能够检测未知微弱信号的频率，并且能够提取出湮没在强噪声中的微弱信号，缺点是噪声对相图的观测有较大影响。因此，本章将 van der Pol-Duffing 振子和互相关结合起来对微弱信号进行检测。此方法既解决了互相关检测微弱信号时对噪声抑制不足的问题，又利用了混沌振子对微弱信号的敏感性及对噪声的免疫性，能够更好地检测出湮没在强噪声中的微弱信号，大大降低了微弱信号的信噪比门限。

7.1　van der Pol-Duffing 振子的改进

van der Pol 系统作为一种经典的自激励振荡系统，已经成为重要的混沌动力学模型之一 [1-10]。第 6 章使用的 van der Pol-Duffing 振子的数学表达式为式 (3.11)，该振子对不同的信号有着不同的敏感度。利用混沌振子检测微弱信号的关键在于保证对微弱信号的敏感性，为了能够更好地发挥混沌振子的特性，本节对式 (3.11)进行了改进。从最低信噪比门限、系统混沌判定和检测能力这三个方面进行研究，改进后的 van der Pol-Duffing 振子为

$$\ddot{x} - u(1 - x^2)\dot{x} + x + \alpha x^3 = f\cos(\omega t) \tag{7.1}$$

改进后的 van der Pol-Duffing 振子对状态的变化表现出更高的敏感性，根据混沌振子的微弱信号检测原理，可达到检测微弱信号的目的。

令 $\dot{x} = y$，则式 (7.1) 的状态方程为

$$\begin{cases} \dot{x} = y \\ \dot{y} = u(1 - x^2)\dot{x} - x - \alpha x^3 + f\cos(\omega t) \end{cases} \tag{7.2}$$

利用 Simulink 建立改进后的 van der Pol-Duffing 振子的仿真模型如图 7.1 所示，采用定步长四阶龙格–库塔法，取步长 $h = 0.01\text{s}$，仿真时间 300 s，ω 取值 2.463 rad/s，$u = 5$，$\alpha = 0.01$，系统初值为 (0.1, 0.1)。

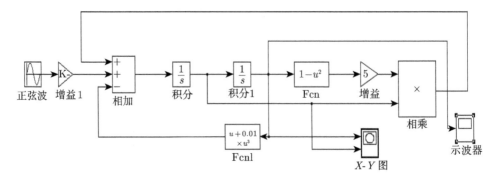

图 7.1　改进后的 van der Pol-Duffing 振子 Simulink 仿真模型

调节参考信号的幅值 f 由小到大变化, 混沌系统会出现混沌状态和周期态, 图 7.2(a) 是 $f = 4.9$ 时系统的相图及时域图, 相轨迹为混沌态; 图 7.2(b) 为 $f = 5.6$ 时系统的相图和时域图, 相轨迹为周期态。

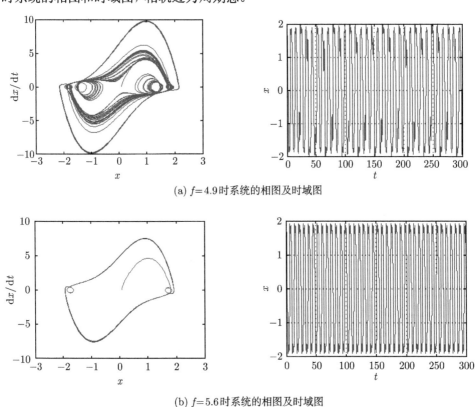

(a) $f=4.9$时系统的相图及时域图

(b) $f=5.6$时系统的相图及时域图

图 7.2　改进后的 van der Pol-Duffing 振子的系统响应

7.2 微弱信号检测

由于 van der Pol-Duffing 混沌振子对初值敏感及对噪声具有强免疫力，因此可以通过相轨迹的改变来检测微弱信号。对于式 (7.2) 所描述的混沌系统，当系统处于混沌态和周期态的临界状态时，向其输入噪声和微弱正弦信号 (与参考信号同频率，同相位)，有

$$\begin{cases} \dot{x} = y \\ \dot{y} = u(1 - x^2)\dot{x} - x - \alpha x^3 + f_e \cos(\omega t) + a \cos(\omega_1 t) + n(t) \end{cases} \tag{7.3}$$

式中，f_e 是混沌系统的临界阈值；$a \cos(\omega_1 t)$ 是微弱正弦信号；$n(t)$ 为高斯白噪声，$n(t) = \sigma \cdot \varepsilon(t)$。

利用分岔图与二分法共同确定的系统临界阈值 f_e 为 5.03，调节参考信号幅值使其处于临界阈值。临界状态下 van der Pol-Duffing 振子的相平面轨迹如图 7.3(a) 所示；只输入与参考信号相同频率的微弱正弦信号，没有噪声的情况下，系统由混沌态转为周期态，如图 7.3(b) 所示；只输入高斯白噪声且 $\sigma = 0.05$，系统的相轨迹如图 7.3(c) 所示，相图仍为混沌态，说明混沌系统对噪声免疫；在 $\sigma = 0.05$ 的基础上，有与参考信号相同频率的微弱正弦信号输入时，如图 7.3(d) 所示，可以实现对微弱信号的检测。

此时的微弱正弦信号的幅值是未知的。因为 $|a + f_e| > f_e$，因此，当把微弱正弦信号并入到混沌系统后，系统的相轨迹发生改变，由混沌态变为周期态。通过减小 f_e，可使系统再次回到临界状态，得到新的参考信号幅值 f_{e1}。那么微弱正弦信号的幅值可由参考信号幅值的改变量来确定，即 $a = f_e - f_{e1}$。而当只把噪声加入系统时，由于混沌系统对噪声具有强免疫力，不会引起相变。由上述理论可知，本节进行仿真时的微弱信号的幅值为 0.01。

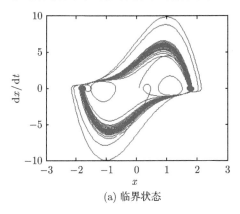

(a) 临界状态

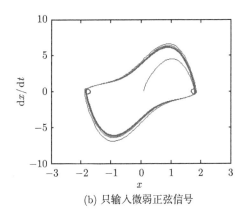

(b) 只输入微弱正弦信号

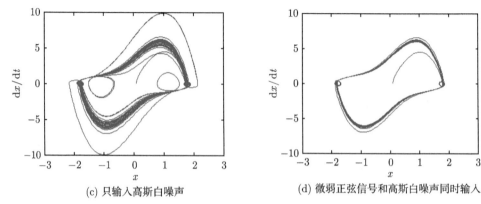

(c) 只输入高斯白噪声　　　　　　　　(d) 微弱正弦信号和高斯白噪声同时输入

图 7.3　改进后的 van der Pol-Duffing 振子检测微弱信号

7.2.1　高斯噪声对系统的影响

对改进后的 van der Pol-Duffing 振子输入噪声,并调节参考信号的幅值为临界阈值,表达式如 (7.4) 所示:

$$\ddot{x} - 5(1-x^2)\dot{x} + x + 0.01x^3 = 5.03\cos(\omega t) + n(t) \tag{7.4}$$

对式 (7.4) 输入高斯白噪声,σ 值分别为 1.5 和 5 时,系统的相轨迹如图 7.4 所示。可以看出随着 σ 值增大,系统的运行轨迹变得有些粗糙,但系统仍然继续处于混沌状态,说明在噪声的影响下,系统不会发生相变。

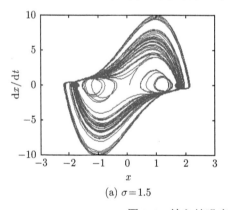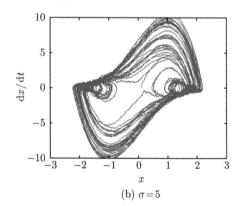

(a) $\sigma=1.5$　　　　　　　　　　　　(b) $\sigma=5$

图 7.4　输入纯噪声时混沌检测系统的相轨迹

7.2.2　微弱信号对系统的影响

微弱信号和噪声同时输入进检测系统时,此时 van der Pol-Duffing 振子检测系统的方程如 (7.5) 所示:

$$\ddot{x} - 5(1-x^2)\dot{x} + x + 0.01x^3 = 5.03\cos(\omega_t) + 0.01\cos(\omega t) + \sigma \cdot \varepsilon(t) \tag{7.5}$$

为了测试该系统在有噪声的情况下检测微弱信号的能力, 通过改变 σ 值来进行仿真实验。大量仿真实验表明, 对于本文提到的 van der Pol-Duffing 振子, 只有当 $\sigma \leqslant 0.07$ 时, 微弱信号才能被检测到。图 7.5(a) 和 (b) 分别是在 $\sigma = 0.07$ 和 $\sigma = 0.08$ 的情况下, 利用改进后的 van der Pol-Duffing 振子对微弱信号进行检测的相图, 因此, 测得的微弱信号信噪比门限为

$$\text{SNR} = 10 \lg \frac{1}{2} \frac{a^2}{\sigma^2} = 10 \lg \left(0.5 \times \frac{0.01^2}{0.07^2} \right) \approx -20 (\text{dB}) \tag{7.6}$$

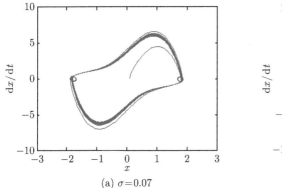
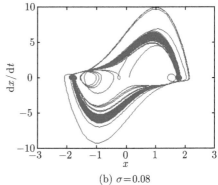

(a) $\sigma = 0.07$ (b) $\sigma = 0.08$

图 7.5 改进后的 van der Pol-Duffing 振子的检测能力

7.3 改进前后的 van der Pol-Duffing 振子的比较

改进前的 van der Pol-Duffing 振子可表示为

$$\ddot{x} - 5(1 - x^2)\dot{x} + x = f_1 \cos(\omega_1 t) \tag{7.7}$$

改进后的 van der Pol-Duffing 振子表示如下:

$$\ddot{x} - 5(1 - x^2)\dot{x} + x + 0.01x^3 = f_2 \cos(\omega_2 t) \tag{7.8}$$

混沌方程式 (7.7) 和式 (7.8) 中的 $f_1 \cos(\omega_1 t)$ 和 $f_2 \cos(\omega_2 t)$ 均为参考信号。改进前后的两混沌振子检测微弱信号时, 通过输入不同强度的噪声来比较两系统的抗噪性, 以此说明改进后的 van der Pol-Duffing 振子检测微弱信号的能力更强。

首先令两振子的初值都为 $(0.1, 0.1)$, $f_1 = 5.28$, $f_2 = 5.03$ 时, 两系统都处于临界状态, 对两系统均输入微弱正弦信号和噪声。图 7.6(a) 显示出 $\sigma \leqslant 0.04$ 时, 改进前的 van der Pol-Duffing 振子能检测出微弱正弦信号, 当 $\sigma = 0.05$ 时, 改进前的

van der Pol-Duffing 振子的相轨迹已为混沌态, 如图 7.6(b) 所示, 可计算信噪比门限如下:

$$\text{SNR} = 10\lg\left(0.5 \times \frac{0.01^2}{0.04^2}\right) \approx -15 \ (\text{dB}) \tag{7.9}$$

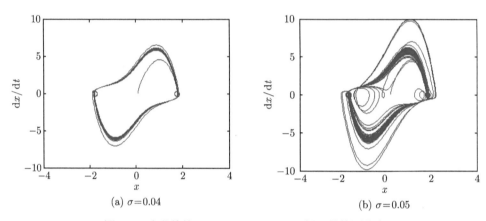

(a) $\sigma = 0.04$　　　　　　　　　　(b) $\sigma = 0.05$

图 7.6　改进前的 van der Pol-Duffing 振子的检测能力

由 7.2.2 节可知改进后的振子在 $\sigma = 0.05$ 时相轨迹仍为周期态。通过上述比较可知, 改进后的 van der Pol-Duffing 振子进一步降低了信噪比门限并且提高了抗噪能力。

7.4　利用互相关检测微弱信号

互相关法检测微弱信号的本质是根据信号和噪声具有不同的相关特性, 对混有噪声的待检信号和纯周期信号即参考信号做互相关运算, 在抑制噪声的同时, 可以通过相关函数的幅值来确定微弱信号的幅值。

7.4.1　互相关检测法需满足的条件

互相关检测微弱信号需满足的条件如下。

(1) 微弱信号必须是周期信号。只有微弱信号及参考信号都是周期信号时, 才有利于分离出待检信号中的随机噪声。

(2) 微弱信号与参考信号之间是非统计独立的, 即微弱信号和参考信号是相关的。

(3) 微弱信号与噪声是统计独立的。该条件是为了保证微弱信号与噪声之间不存在相关性, 使得参考信号和噪声的互相关函数接近于零, 从而达到抑制噪声的目的。

(4) 微弱信号和噪声的信噪比必须保持在一定的门限范围内才能检测出微弱信号。

7.4.2 互相关函数的定义

若有两个随机过程 $X(t)$, $Y(t)$, 其中 $t \in T$, 对于 T 中的 $t_1 = t$ 和 $t_2 = t - \tau$, 随机过程 $X(t)$ 和 $Y(t)$ 的互相关函数为

$$\begin{cases} R_{xy}(t_1, t_2) = E\left[x(t)y(t-\tau)\right] \\ R_{yx}(t_1, t_2) = E\left[y(t)x(t-\tau)\right] \end{cases} \tag{7.10}$$

平稳随机过程的互相关函数不受 t_1、t_2 取值的影响, 只和二者之差 τ 有关, 所以, $R_{xy}(t_1, t_2)$ 和 $R_{yx}(t_1, t_2)$ 可分别写成 $R_{xy}(\tau)$ 和 $R_{yx}(\tau)$, 可表示为

$$\begin{cases} R_{xy}(\tau) = E\left[x(t)y(t-\tau)\right] = \int_{-\infty}^{\infty} \int_{-\infty}^{\infty} x_1 y_2 p(x_1, y_2) \mathrm{d}x_1 \mathrm{d}y_2 \\ R_{yx}(\tau) = E\left[y(t)x(t-\tau)\right] = \int_{-\infty}^{\infty} \int_{-\infty}^{\infty} x_2 y_1 p(x_2, y_1) \mathrm{d}x_2 \mathrm{d}y_1 \end{cases} \tag{7.11}$$

互相关函数可通过单个样本的时间历程来平均各态历经过程, 同时考虑到系统的因果性, 则有

$$\begin{cases} R_{xy}(\tau) = \lim_{T \to \infty} \dfrac{1}{2T} \int_{-T}^{T} x(t)y(t-\tau)\mathrm{d}t = \lim_{T \to \infty} \dfrac{1}{2T} \int_{0}^{T} x(t)y(t-\tau)\mathrm{d}t \\ R_{yx}(\tau) = \lim_{T \to \infty} \dfrac{1}{2T} \int_{-T}^{T} y(t)x(t-\tau)\mathrm{d}t = \lim_{T \to \infty} \dfrac{1}{2T} \int_{0}^{T} y(t)x(t-\tau)\mathrm{d}t \end{cases} \tag{7.12}$$

由定义可知, 互相关函数本质上表达的是时延坐标和两个随机波形之间相关程度的关系, 并且对观测时间 T 内两个随机过程中, 间隔时间为 τ 的两个幅值乘积的集合平均值进行了描述。

7.4.3 计算互相关函数的步骤及其性质

1. 计算互相关函数的步骤

首先, 对一个各态历经的随机过程来说, 需要取相当长时间的样本函数, 若为周期函数则可取一个周期。其次, 若能用数学表达式来表达样本函数, 计算互相关函数时可使用时间平均法; 若不能用数学表达式来说明样本函数, 可用有限的求和来代替积分式。最后, 用时间间隔 Δt 把样本函数分割成一系列的离散值, 如果设 T 为采样时间, 则采样点数 N 可用数学表达式 $N = T/\Delta t + 1$ 来描述。因此, 互相

关函数如式 (7.13) 表示:

$$\begin{cases} R_{xy}(\tau) = E[x(t)y(t-\tau)] = \dfrac{1}{N}\sum_{i=1}^{N} x_i(t)y_i(t-\tau) \\ R_{yx}(\tau) = E[y(t)x(t-\tau)] = \dfrac{1}{N}\sum_{i=1}^{N} y_i(t)x_i(t-\tau) \end{cases} \tag{7.13}$$

2. 互相关函数的性质

对平稳随机过程而言, $R_{xy}(\tau)$ 与时间 y 的起点无关, 只跟时间差 τ 有关系, $R_{xy}(\tau) = R_{yx}(-\tau)$; 微弱信号与噪声不相关, 可利用此特性来抑制噪声, $|R_{xy}(\tau)| \leqslant \sqrt{R_x(0)R_y(0)}$。两随机过程不相关时, $R_{xy}(\tau)$ 和 $R_{yx}(\tau)$ 为 0; 两个周期信号的互相关函数仍为周期信号, 频率不改变, 同时保留原信号的幅值和相位差等信息; 两个周期信号频率不相同则二者不相关。

利用互相关函数的性质可分析振动响应中各个振源所占的比重、计算滞后时间、检测微弱信号等。

7.4.4　互相关检测微弱信号的原理

利用互相关函数的性质检测被噪声湮没的微弱信号, 原理如下:
设待检信号

$$f_1(t) = s_1(t) + n(t) \tag{7.14}$$

设参考信号

$$f_2(t) = s_2(t) \tag{7.15}$$

式中, $s_1(t)$ 和 $s_2(t)$ 为周期信号; $n(t)$ 为噪声。则互相关函数如下:

$$\begin{aligned} R_{12}(\tau) &= \lim_{T\to\infty} \frac{1}{2T}\int_0^T f_1(t)f_2(t-\tau)\mathrm{d}t \\ &= \lim_{T\to\infty}\left[\frac{1}{2T}\int_0^T s_1(t)s_2(t-\tau)\mathrm{d}t + \frac{1}{2T}\int_0^T n(t)s_2(t-\tau)\mathrm{d}t\right] \\ &= R_{s_1s_2}(\tau) + R_{ns_2}(\tau) \end{aligned} \tag{7.16}$$

式中, $R_{s_1s_2}(\tau)$ 是 $s_1(t)$ 和 $s_2(t)$ 的互相关函数; $R_{ns_2}(\tau)$ 是 $n(t)$ 和 $s_2(t)$ 的互相关函数。

在式 (7.16) 中, 因为参考信号 $s_2(t)$ 与噪声信号 $n(t)$ 不相关, 若 $s_2(t)$ 或 $n(t)$ 的均值为 0, 则 $n(t)$ 和 $s_2(t)$ 的互相关函数 $R_{ns_2}(\tau)$ 为 0。因此, 只要保证 $s_1(t)$ 与参考信号 $s_2(t)$ 互相关, 则 $R_{12}(\tau) = R_{s_1s_2}(\tau)$, 那么由互相关函数 $R_{12}(\tau)$ 的计算结果就可以检测到被噪声湮没的微弱正弦信号。

互相关器的原理如图 7.7 所示，通过上述原理可知，要想检测到湮没于噪声之中的微弱信号，测量互相关器的输出值即可。

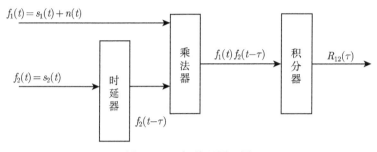

图 7.7 互相关器原理图

7.4.5 互相关检测微弱信号的实验

设 $f_1(t) = s_1(t) + n(t) = A_1\sin(\omega t) + n(t)$，$f_2(t) = s_2(t) = A_2\sin(\omega t)$。其中，$A_1$ 和 A_2 分别是微弱正弦信号 $s_1(t)$ 和参考信号 $s_2(t)$ 的幅值，可得互相关函数：

$$R_{12}(\tau) = R_{s_1 s_2}(\tau) = \frac{A_1 A_2}{2}\cos(\omega\tau) = A\cos(\omega\tau) \tag{7.17}$$

式中，A 是互相关函数 $R_{12}(\tau)$ 的幅值。

理想情况下，信号的周期性没有受到噪声的影响，计算所得的互相关函数具有与微弱正弦信号 $s_1(t)$ 相同的频率，说明该方法对噪声具有一定的抑制作用。由式 (7.17) 可知微弱正弦信号的幅值为

$$A_1 = \frac{2A}{A_2} \tag{7.18}$$

理论上，积分时间 T 够长，$R_{ns_2}(\tau)$ 就为 0，但是实际上 T 不可能无限长，只能为某一有限值，因此，$R_{ns_2}(\tau)$ 不等于 0，而是接近于 0 的随机变量，所以输出仍存在残余噪声，从而影响了利用互相关法对微弱信号进行检测。

仿真实验参数设置：微弱正弦信号和参考信号的频率都设为 1，$A_1 = 0.2$，$A_2 = 1$，则 $f_1(t) = 0.2\sin(t) + n(t)$，$f_2(t) = \sin(t)$。

待检信号如图 7.8(a) 所示；参考信号如图 7.8(b) 所示；无噪声情况下，待检信号和参考信号做互相关运算后的互相关函数如图 7.8(c) 所示；输入噪声情况下，待检信号和参考信号的互相关函数如图 7.8(d) 所示。

根据式 (7.18) 可知，互相关函数的幅值为

$$A = \frac{A_1 A_2}{2} = \frac{0.2 \times 1}{2} = 0.1 \tag{7.19}$$

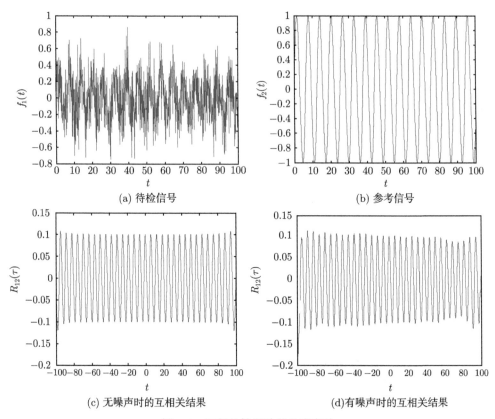

(a) 待检信号

(b) 参考信号

(c) 无噪声时的互相关结果

(d)有噪声时的互相关结果

图 7.8   互相关检测法的仿真实验

观察图 7.8(c) 可知没有噪声影响时, 互相关函数的幅值与理论值 0.1 基本相同。当输入噪声后, 由于采样时间有限, 图 7.8(d) 的互相关函数有些部分失真。

通过仿真实验可知, 由于积分时间不可能无限长, 互相关检测法不可能完全过滤掉噪声, 这给检测微弱信号带来一定难度。对待检信号进行一次互相关后, 噪声虽然得到一定程度的抑制, 但是并不能无限制地多次使用: 一是每进行一次互相关处理后数据的长度都会减少, 如果减少太多, 不利于检测效果; 二是多次互相关以后波形会出现平顶失真的现象, 这是由多次计算后产生的截尾误差引起的, 因此不可能无限制地多次使用互相关法检测微弱信号。其次, 互相关处理后不可避免地会存在边缘效应问题, 即信号边界产生失真现象, 进行多次互相关后产生的边缘效应会放大, 严重湮没信号的端部特征, 极大影响检测效果的准确性。最后, 互相关检测方法不能对信噪比很低的微弱信号进行检测。为解决上述问题, 可结合混沌理论检测微弱信号。

7.5 基于 van der Pol-Duffing 振子和互相关的微弱信号检测

7.3 节已证明改进后的 van der Pol-Duffing 振子较改进前具有一定的优势, 但为了能进一步降低信噪比门限, 提高抗噪能力和检测微弱信号的能力, 同时解决互相关检测方法本身的不足, 本节将 van der Pol-Duffing 振子和互相关结合在一起建立了联合系统, 对微弱信号进行检测。

7.5.1 联合仿真原理

基于 van der Pol-Duffing 振子和互相关的微弱信号检测步骤为: 首先, 找到混沌系统处于临界状态时参考信号的幅值 f_e; 然后, 把待检信号输送到互相关器中, 求得待检信号和参考信号的互相关函数, 由前面理论分析可知, 在此过程中已经对噪声进行了一定的抑制, 但仍保留有残余噪声; 最后, 将得到的互相关函数输入到 van der Pol-Duffing 系统当中, 由于此系统对与参考信号相同频率的微弱正弦信号相当敏感而对噪声具有强免疫力, 因而, 根据系统的相轨迹变化即可判断待检信号中是否存在微弱正弦信号。

联合系统检测被强噪声淹没的微弱信号的原理框图如图 7.9 所示。

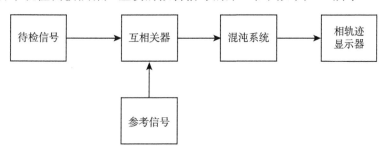

图 7.9　联合系统的检测原理图

7.5.2 仿真实验分析

本节通过仿真实验来验证联合系统检测微弱正弦信号的可行性。

由于改进后的 van der Pol-Duffing 振子在检测幅值为 0.01 的微弱正弦信号时, 必须保证 $\sigma \geqslant 0.07$, 因此本节选取 $\sigma = 0.09$, 微弱正弦信号的幅值 a 取 0.01 来进行仿真实验。单 van der Pol-Duffing 振子的检测效果如图 7.10(a) 所示, 由于 σ 已超出 0.07, 混沌振子检测不出微弱正弦信号, 相轨迹表明系统处于混沌态。基于 van der Pol-Duffing 振子和互相关的联合系统的检测效果如图 7.10(b) 所示, 联合系统的相轨迹为周期态, 说明已检测到微弱正弦信号。由图 7.10(a) 和 (b) 的对比可知, 在一定条件下单 van der Pol-Duffing 振子不能完成对微弱信号的检测, 而基于 van der Pol-Duffing 振子和互相关的联合系统则可以很好地完成对微弱信号的检测。仿真实例说明联合系统对噪声起到了明显的抑制作用，因此联合系统比改进后的单 van der Pol-Duffing 振子检测微弱信号更具有优势。

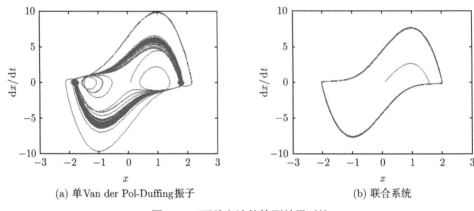

(a) 单 Van der Pol-Duffing 振子　　　　　　　　(b) 联合系统

图 7.10　两种方法的检测效果对比

同时根据仿真结果可知，利用基于 van der Pol-Duffing 振子和互相关的联合系统检测微弱信号时，可测得的信噪比门限为

$$\text{SNR} = 10 \lg \left(\frac{1}{2} \frac{a^2}{\sigma^2} \right) = 10 \lg \left(0.5 \times \frac{0.01^2}{0.09^2} \right) \approx -22 \ (\text{dB}) \tag{7.20}$$

可见，利用混沌理论和互相关检测微弱信号，可以进一步降低强噪声条件下微弱信号的信噪比门限，能够更好地完成对微弱正弦信号的检测。

7.6　与单 van der Pol-Duffing 振子性能比较

本节的目的是比较联合系统和单振子检测方法的稳定性以及对噪声的免疫力，并不对微弱信号进行检测，因此并没有单独写出微弱信号。检测微弱信号时，系统由临界状态进入到周期态，该过程是否稳定影响着系统的判别，这里分别对改进后的单 van der Pol-Duffing 振子和联合系统在不同强度噪声中的稳定性进行分析。

当两检测系统的参考信号的幅值 f 都取值为 5.05 时，通过 Simulink 画出它们的相轨迹，可知两系统都处于周期状态。向两检测系统分别输入 σ 为 0.5 和 1 的纯噪声后，两个系统在不同强度噪声中的相轨迹如图 7.11 和图 7.12 所示。由图 7.11 和图 7.12 可知，虽然在不同强度噪声的影响下，联合系统的轨迹线不再显得平滑，变得较为粗糙，但仍保持着良好的周期状态，而单 van der Pol-Duffing 振子则处于混沌态，说明它的周期态存在一定的不稳定性。仿真实验表明联合系统的抗噪性更强。

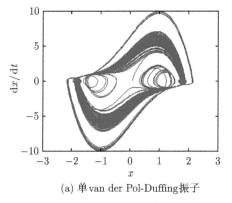

(a) 单 van der Pol-Duffing 振子

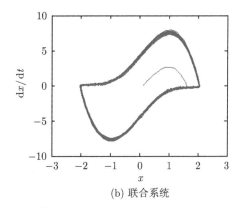

(b) 联合系统

图 7.11　$\sigma=0.5$ 时两系统的相态图

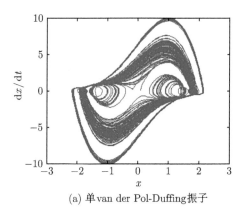

(a) 单 van der Pol-Duffing 振子

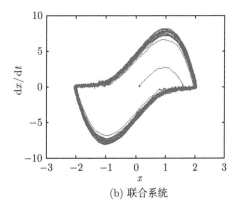

(b) 联合系统

图 7.12　$\sigma=1$ 时两系统的相态图

7.7　本章小结

本章首先对 van der Pol-Duffing 振子进行了改进, 使其抗噪能力和检测能力有所提高。然后在改进后的基础上, 提出了联合系统检测微弱正弦信号的方法, 即对待检信号进行互相关运算后再输入到混沌系统中, 从而完成对微弱信号的检测。仿真实验表明联合系统可以检测到深埋于噪声中的微弱信号, 信噪比门限也进一步下降, 达到了 −22 dB, 而改进后的单 van der Pol-Duffing 振子为 −20 dB。对联合系统和改进后的单 van der Pol-Duffing 振子进行性能比较, 可知联合系统对强噪声具有更好的免疫力, 表明了该方法的有效性。此外联合系统简便直观, 因而具有一定的应用价值。

参 考 文 献

[1] Alqahtani A, Khenous H B, Aly S. Synchronization of impulsive real and complex van der Pol oscillators[J]. Applied Mathematics, 2015, 6(6): 922-932.

[2] Jing Z, Yang Z, Jiang T. Complex dynamics in Duffing-van der Pol equation[J]. Chaos Solitons and Fractals, 2006, 27(3): 722-747.

[3] Kumar P, Narayanan S, Gupta S. Bifurcation analysis of a stochastically excited Vibro-impact Duffing-van der Pol oscillator with bilateral rigid barriers[J]. International Journal of Mechanical Sciences, 2017, 127: 103-117.

[4] 林延新, 张天舒, 方同. 参激 Duffing-van der Pol 振子的混沌演化与激变 [J]. 东华大学学报, 2011, 37(2): 246-255.

[5] 孙文军, 芮国胜, 王林, 田文飚. 一种利用 Duffing-van der Pol 振子估计弱信号相位的方法 [J]. 电讯技术, 2016, 56(1): 14-19.

[6] 王晓东, 赵志宏. 基于耦合 Duffing 振子和 van der Pol 振子系统的微弱信号检测研究 [J]. 石家庄铁道大学学报, 2016, 29(4): 60-65.

[7] Wiggers V, Rech P C. Multistability and organization of periodicity in a van der Pol-Duffing oscillator[J]. Chaos Solitons & Fractals, 2017, 103: 632-637.

[8] Zhao H, Lin Y P, Dai Y X. Hidden attractors and dynamics of a general autonomous van der Pol-Duffing oscillator[J]. International Journal of Bifurcation and Chaos, 2014, 24(6): 1450-1459.

[9] Kumar P, Narayanan S, Gupta S. Investigations on the bifurcation of a noisy Duffing-van der Pol oscillator[J]. Probabilistic Engineering Mechanics, 2016, 45: 70-86.

[10] Leung A Y T, Yang H X, Zhu P. Periodic bifurcation of Duffing-van der Pol oscillators having fractional derivatives and time delay[J]. Communications in Nonlinear Science & Numerical Simulation, 2014, 19(4): 1142-1155.

第8章 基于 Holmes-Duffing 振子的
微弱信号检测

微弱信号检测技术是近几年迅速发展起来的，利用电子学理论、信息理论和物理学方法来达到强噪声背景下的微弱信号检测 [1]。传统微弱信号的检测是基于线性和确定性的系统 [2]。传统方法以时域、频域和时频域为主，例如，小波变换和频谱分析 [3-6]，传统方法要求待检测信号有较高的信噪比，一般需要对信号进行预处理，局限性较大。随着非线性动力学的发展和混沌理论研究的深入 [7-9]，人们开始利用混沌方法来检测微弱信号。混沌方法具有对微弱信号的敏感性和抗噪能力强的优点，是一种非常有前景的微弱信号检测方法。第 4~7 章用于微弱信号检测的混沌振子有双耦合 Duffing 振子系统、耦合 van der Pol-Duffing 振子等，不同的混沌振子有不同的特性。本章研究基于 Holmes-Duffing 振子的微弱信号检测方法。

8.1 Duffing 振子检测微弱信号的原理

Duffing 方程有很多种模型，但检测微弱信号的原理是一样的。本节讨论 Holmes-Duffing 振子的检测原理。其方程如式 (8.1)：

$$\ddot{x} + c\dot{x} - x + x^3 = F\cos t \tag{8.1}$$

其中，c 为阻尼系数；$F\cos t$ 为摄动信号。其动力学方程为式 (8.2)：

$$\begin{cases} \dot{x} = v \\ \dot{v} = -cv + x - x^3 + F\cos t \end{cases} \tag{8.2}$$

从理论上来讲，系统的解在相空间中，随 F/c 的值的改变而改变。其变化情况如表 8.1 所示。

表 8.1 系统相图随 F/c 变化情况表

F/c 的值	0	同宿临界值	倒阶次分岔值	大尺度周期临界阈值	周期外轨值
系统运行轨迹	偶阶次分岔 按外加周期力的 周期或其倍周期 振荡	出现同宿轨迹 产生斯梅尔马 蹄意义下的 混沌运动	系统将出现倒 奇阶次谐分岔	以外加周期力的 频率进行大尺度 的周期振荡 (周期 1 外轨)	该周期外轨 仍然存在 只是形状 有所变化

由系统的分岔图 8.1 可以知道系统在各个阶段的阈值，其中 $c = 0.5$。

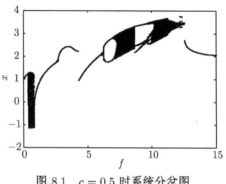

图 8.1 $c = 0.5$ 时系统分岔图

x 方向位移随 F 的分岔图

由分岔图可知，在固定 $c = 0.5$ 时，随着 F 的变化相图会有不同的变化，当 $c = 0.34$ 时周期内轨，其相图如图 8.2 所示。

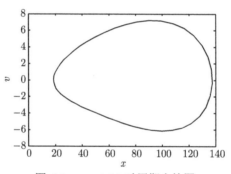

图 8.2 $c = 0.34$ 时周期内轨图

当 $c = 0.5$ 时，混沌相图如图 8.3 所示，周期外轨 1 如图 8.4 所示，周期外轨 2 如图 8.5 所示。

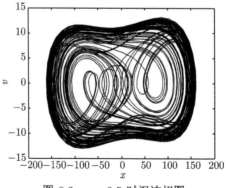

图 8.3 $c = 0.5$ 时混沌相图

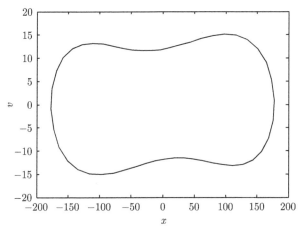

图 8.4 $c = 0.5$ 时周期外轨 1

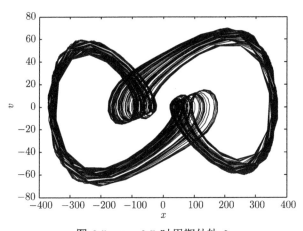

图 8.5 $c = 0.5$ 时周期外轨 2

由上面可知随着摄动力幅值的变化，系统的相图形状有不同的改变，变化比较明显，可以通过相图的改变来判断是否有微弱信号的存在。若系统中加入混有噪声的与摄动力具有微小频差的微弱信号，其方程如式 (8.3)：

$$\ddot{x} + c\dot{x} - x + x^3 = F_r\cos t + A\cos((1 + \Delta\omega)t + \varphi) + \sigma\mathrm{randn}(t) \qquad (8.3)$$

式中，F_r 为摄动力幅值；A 为待检测信号的幅值；φ 为摄动信号和待测信号的相位差；$\Delta\omega$ 为摄动信号和待测信号的频差。其中 $A \ll F_r$。

方程中右端前两项化为

$$F_r\cos t + A\cos((1 + \Delta\omega)t + \varphi) = F(t)\cos(t + \theta(t)) \qquad (8.4)$$

$$F(t) = \sqrt{F_r^2 + 2F_r A \cos(\Delta\omega t + \varphi) + A^2} \tag{8.5}$$

$$\theta(t) = \arctan\left[\frac{A\sin(\Delta\omega t + \varphi)}{F_r + A\cos(\Delta\omega t + \varphi)}\right] \tag{8.6}$$

式中, $F(t)$ 为总策动力幅值; $\theta(t)$ 为总摄动力的初相角。因为 $A \ll F_r$, 所以 $\theta(t)$ 可以忽略不计。

检测时将 F_r 置于小于临界阈值 F_d(由混沌转向大周期的临界阈值), 当 $\Delta\omega = 0$ 时, 若 $F(t) > F_d$ 时为周期运动, 在其他的情况下为混沌运动。当 $\Delta\omega \neq 0$ 时, 设 $F_r - A < F_d < F_r + A$, 如图 8.6 所示, 固定摄动信号的矢径, 而待测信号矢径将以 $\Delta\omega$ 的频率非常缓慢地绕其旋转。不同角度时, 矢径的长度也不同。当两者在同一方向时 $F_d < F_r + A$, 此时系统相图轨迹是外轨周期 1 运动状态, 则表明有微弱的周期信号存在; 当 $F_r - A < F_d$ 时系统则为混沌运动状态。由于矢径随时间变化, 由检测原理可知, 系统的状态也会出现周期性的改变, 系统会出现时而混沌时而周期的间歇混沌现象。幅值的变化随 $\Delta\omega$ 的不同而产生不同的变化, 当 $\Delta\omega$ 较小时, 幅值 $F(t)$ 变化得非常缓慢, 这个过程要远慢于系统相变的过程。若相变需要一到两个周期, 而系统维持稳定周期态或混沌状态的时间是几十个周期。因此当待测信号发生微小变化时, 系统相图不同状态的交替出现是非常明显的。说明振子相变对微弱信号是非常敏感的, 这说明了检测微弱信号的可行性。

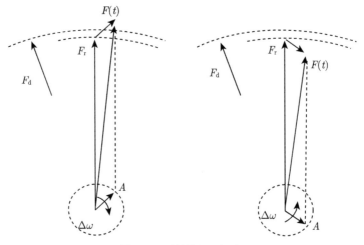

图 8.6　系统检测原理图

另外, 待测信号与摄动信号的频差 $\Delta\omega < 0.03$ rad/s, 因为在频差大于 0.03 rad/s 时, 有规律的间歇混沌现象就很难辨别出, 为了检测的可靠性应使 $\Delta\omega < 0.03$ rad/s。

8.2 Holmes-Duffing 振子分析

因为混沌系统对于微弱信号的检测是由系统对初值或参数的敏感性决定的。参数的不同其检测性能也不一样，这就满足了各种环境下对信号检测的要求。本节从参数和初值之间的关系，以及不同参数对系统的检测性能具有哪些影响这两方面分析，来确定系统的参数。本节是基于 Holmes-Duffing 振子的参数分析。

Holmes-Duffing 振子方程如下：

$$\frac{\mathrm{d}^2 x}{\mathrm{d}t^2} + c\frac{\mathrm{d}x}{\mathrm{d}t} - x + x^3 = f\cos(t) \tag{8.7}$$

式中的初值分别为 $x(0) = x_0$, $\dot{x}(0) = \dot{x}_0$。对式 (8.7) 两边进行微分可得

$$\frac{\mathrm{d}^3 x}{\mathrm{d}t^3} + c\frac{\mathrm{d}^2 x}{\mathrm{d}t^2} - \frac{\mathrm{d}x}{\mathrm{d}t} + 3x^2\frac{\mathrm{d}x}{\mathrm{d}t} = -f\sin(t) \tag{8.8}$$

将式 (8.7) 和式 (8.8) 相除消去 f 可得

$$\frac{\mathrm{d}^3 x}{\mathrm{d}t^3} + (c + \mathrm{tg}(t))\frac{\mathrm{d}^2 x}{\mathrm{d}t^2} + (3x^2 - 1 + \mathrm{ctg}(t))\frac{\mathrm{d}x}{\mathrm{d}t} + \mathrm{tg}(t)(x^3 - x) = 0 \tag{8.9}$$

式中的初值分别为 $x(0) = x_0$, $\dot{x}(0) = \dot{x}_0$, $\ddot{x}(0) = f - c\dot{x}_0 + x_0 - x_0^3$。

方程 (8.8) 为方程 (8.7) 求导所得，方程 (8.9) 由方程 (8.7) 和方程 (8.8) 联立所得，所以方程 (8.7) 的解既是方程 (8.8) 的特解，又是方程 (8.9) 的解。方程 (8.7) 的参数通过变换成为方程 (8.9) 的初值，可以看到，在方程 (8.7) 中初值与参数的敏感性是一致的。

8.3 Holmes-Duffing 振子微弱信号检测

Holmes-Duffing 振子的参数取值影响微弱信号检测效果，这里研究 Holmes-Duffing 振子参数对检测的影响，以及 Holmes-Duffing 振子参数的确定方法。

8.3.1 Holmes-Duffing 振子参数对检测的影响

目前，Holmes-Duffing 振子默认的参数 $c = 0.5$。下面就 c 的取值对系统性能的影响进行分析，主要是从系统临界点相图的突变性和混沌区间的保持性两方面进行分析。

系统临界点相图的突变性是指系统由混沌状态立即进入大周期状态 [10]，突变性从某个方面可以代表混沌检测性能的精度。在检测信号的过程中，若相图发生了突变，说明待测信号中含有与摄动信号频率一致的微弱信号，下一步就是检测

未知信号的大小，通常的做法就是反向调整摄动力的幅值，使相图又回到临界混沌状态。但是在具体操作的过程中，可能由于幅值调整的幅度过大，越过混沌区间，这就导致误判。因此混沌区间应该保持一定的 "厚度"，这就是混沌区间的保持性 [11]。

8.3.2　Holmes-Duffing 振子参数的确定

下面通过调整阻尼的值对这两方面的性能进行分析。设 $c = 0.1, 0.4, 0.5, 0.6, 0.9$，对这五个参数进行分析，使用 ODE45 仿真，初值为 $X=[0\ 0]$，摄动力的幅值步长为 0.001。本节只是提供一般方法，具体需要多大的精度可以进一步计算。

当 $c = 0.1$ 时系统的分岔图如图 8.7 所示。从分岔图可知，并没有明显的混沌与大周期的界限，混沌区间几乎没有，因此 $c = 0.1$ 时几乎没有微弱信号检测价值。

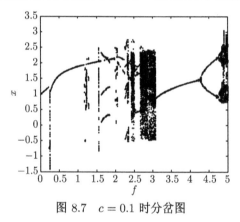

图 8.7　$c = 0.1$ 时分岔图

当 $c = 0.4$ 时系统的分岔图如图 8.8 所示，混沌区间保持性如图 8.9 所示，相

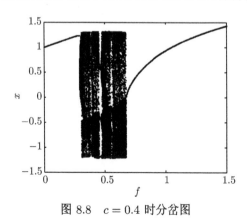

图 8.8　$c = 0.4$ 时分岔图

图突变性如图 8.10。从图中可以看到阈值约为 0.671，混沌区间厚度约为 0.38，因为选取的摄动力幅值步长为 0.001，所以从图 8.10 分辨出的最高精度为 0.001，可以看到混沌和大周期之间具有明显的界限，具有非常好的检测性能。

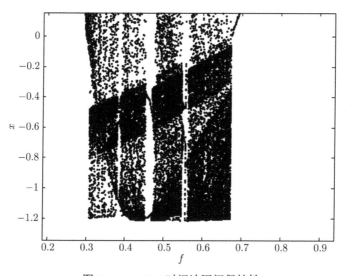

图 8.9 $c = 0.4$ 时混沌区间保持性

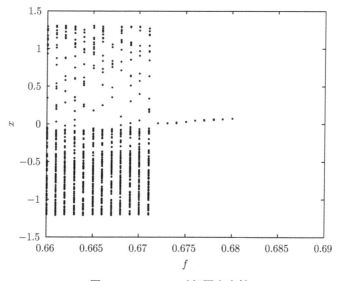

图 8.10 $c = 0.4$ 时相图突变性

当 $c = 0.5$ 时分岔图如图 8.11 所示，临界阈值约为 0.825，厚度约为 0.45。具有良好的混沌区间保持性和非常明显的混沌与大周期的界限。

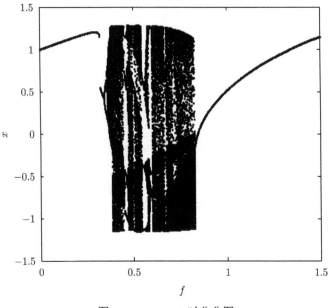

图 8.11 $c = 0.5$ 时分岔图

当 $c = 0.6$ 时分岔图如图 8.12 所示, 临界阈值约为 0.984, 厚度约为 0.15。混沌区间保持性一般较 $c=0.5$ 时差距较大, 但具有非常明显的混沌与大周期的界限。

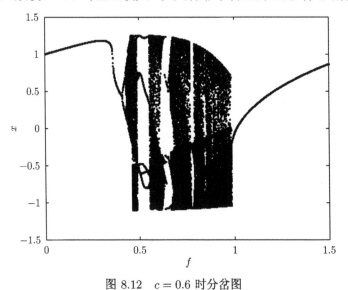

图 8.12 $c = 0.6$ 时分岔图

当 $c = 0.9$ 时分岔图如图 8.13 所示, 由图 8.13 可知并没有明显的界限, 混沌区间几乎没有, 因此 $c = 0.9$ 几乎没有微弱信号检测价值。

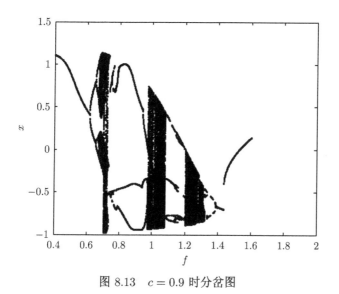

图 8.13　$c = 0.9$ 时分岔图

通过以上讨论可以发现，无论是从混沌区间的保持性还是临界点的突变性分析，$c = 0.5$ 都表现出良好的性能。

8.4　本 章 小 结

本章介绍了基于 Duffing 振子的微弱信号检测的原理，Holmes-Duffing 振子参数对微弱信号检测效果的分析，Holmes-Duffing 振子参数的确定方法，通过实验对不同的参数进行了分析，确定了一组参数使其具有良好的检测效果。

参 考 文 献

[1] 朱来普, 张陆勇, 谢文凤. 基于 Duffing 混沌振子的微弱信号检测研究 [J]. 无线电工程, 2012, 42(1): 17-20.

[2] 谢涛, 魏学业. 混沌振子在微弱信号检测中的可靠性研究 [J]. 仪器仪表学报, 2008, 29(6): 1265-1269.

[3] 周小勇, 叶银忠. 小波分析在故障诊断中的应用 [J]. 控制工程, 2006, 13(01): 70-73.

[4] Wang X Y, Fu Z K. A wavelet-based image denoising using least squares support vector machine[J]. Engineering Applications of Artificial Intelligence, 2010, 23(6): 862-871.

[5] Hassani H, Xu Z, Zhigljavsky A. Singular spectrum analysis based on the perturbation theory[J]. Nonlinear Analysis: Real World Applications, 2011, 12(5): 2752-2766.

[6] 孙英侠, 李亚利, 宁宇鹏. 频谱分析原理及频谱分析仪使用技巧 [J]. 国外电子测量技术, 2014, 33(07): 76-80.

[7] 陈予恕, 曹登庆, 吴志强. 非线性动力学理论及其在机械系统中应用的若干进展 [J]. 宇航
学报, 2007, 28(04): 794-804.

[8] 王俊国, 周建中, 付波, 彭兵. 基于 Duffing 振子的微弱信号混沌检测 [J]. 电子器件, 2007,
30(04): 1380-1383.

[9] Metzger M A. Applications of nonlinear dynamical systems theory in developmental
psychology: Motor and cognitive development[J]. Nonlinear Dynamics, Psychology, and
Life Sciences, 1997, 1(1): 55-68.

[10] Wu Y F, Zhang S P. Weak signal detection based on unidirectionaldriving nonlinear
coupled Duffing oscillator[J]. Science Technology and Engineering, 2011, 11(19): 4605-
4608.

[11] 范剑, 赵文礼, 王万强. 基于 Duffing 振子的微弱周期信号混沌检测性能研究 [J]. 物理学
报, 2013, 62(18): 180502.

第9章 混沌振子与其他检测技术相结合

混沌振子的常规检测方法存在着缺陷，即系统受到小频率参数的限制，只能检测较低频信号等。本章研究混沌振子微弱信号检测方法与其他检测技术结合的方法，进一步提高混沌振子微弱信号检测性能。

9.1 变 尺 度 法

目前针对微弱信号的检测都只是适用于特定频率的信号，若检测未知频率的信号，需要通过改变方程的参数来进行检测。我们由前面可知，混沌系统对参数的变化是非常敏感的，而且不同的参数适用于不同信号的检测。若通过改变参数来检测，就会有很大的工作量，效果不一定好，且效率低。针对这种情况，找到了一种效率高的检测方法，使用一组确定的参数来检测未知的微弱信号。

9.1.1 变尺度法原理

混沌方程检测未知的微弱信号是通过与摄动信号同频或频差较小的待测信号来改变系统的相图。一般都是假设摄动信号的频率 $\omega=1$ rad/s。这是因为有数值仿真研究表明，系统相图变化的动态响应与摄动信号的频率是息息相关的。若摄动信号频率较大，系统的动态响应性能将会变得很差，就无法分辨出系统的这两种状态，无法判别系统的状态。所以 Duffing 振子只是在小频率参数下具有良好的检测性能和动态特性。然而实际生活中信号的频率可能比 1 rad/s 大得多。针对这种情况，使待测信号 $h(t)$ 在时间轴上放大一定的倍数 R，即 $t'=Rt$，若能使 $R=\omega$，则待测信号变为 $s(t')=h\cos(\omega t)=h\cos\omega t'/R=h\cos t'$，这就相当于将待测信号在圆频率上从 ω 压缩为 1 rad/s。这样就与摄动信号的频率相等了，从而可以进行检测了。根据 $R=\omega$ 确定出待测信号的圆频率为 ω。

例如，设未知信号 $s(t)=\cos(5t)$，采样频率为 20 Hz，通过尺度变换 $R=5$，即原始信号 $s(t)$ 在时间尺度上扩大 5 倍，则相应的圆频率被压缩了 5 倍，变为 $s(t')=\cos(t')$，如图 9.1 所示。

在处理具体的信号时，信号是不能通过 $s(t')=h\cos(\omega t)=h\cos\omega t'/R=h\cos t'$ 这样的信号变换对信号进行改变，因为信号一旦产生就无法改变。利用此变尺度方法对信号进行检测时，是通过改变数值计算的步长进而进行尺度变换来实现的 [1]。

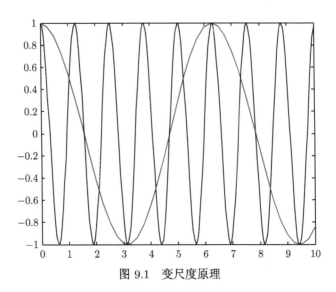

图 9.1 变尺度原理

9.1.2 待测信号初始相位对检测的影响

典型的 Holmes-Duffing 方程如式 (9.1)：

$$\ddot{x} + k\dot{x} - x + x^3 = A_d \cos(t) + s(t) + n(t) \tag{9.1}$$

式中，k 为阻尼比；$-x + x^3$ 为非线性恢复力项；$A_d \cos(t)$ 为驱动信号；$s(t)$ 为有用信号；$n(t)$ 为噪声信号。

Holmes-Duffing 方程是比较典型的混沌方程之一，所有的混沌方程都具有对初始条件的敏感性，Holmes-Duffing 方程对初始条件的敏感性等价于对方程驱动信号的幅值 A_d 的敏感性。由于非线性恢复力项的存在，Holmes-Duffing 方程有复杂的动力学特性，加入有用信号，通过系统相图的改变来判断未知微弱信号是否存在。

目前进行微弱信号的检测，都是对未知信号进行理想化处理，都假设这种理想的微弱信号相位为零，实际生活中几乎没有这种理想的信号。所以此方法存在误差，不过可以通过研究待测信号初始相位对检测效果的影响来消除这种误差。

假设阻尼 $k = 0.5$，临界幅值 $A_d = 0.825$，摄动信号幅值为 0.8，摄动信号的初始相位为 α，待测信号初始相位 φ，待测信号幅值 $h = 0.06$，其中 $\alpha, \varphi \in [-\pi, \pi]$，如方程 (9.2) 所示：

$$\ddot{x} + 0.5\dot{x} - x + x^3 = 0.8 \cos(t + \alpha) + h \cos(t + \varphi) \tag{9.2}$$

目前只分析 φ 对检测性能的影响，所以假设 $\alpha = 0$，对方程 (9.2) 右端的两项进行化简得到方程 (9.3)：

$$0.8 \cos(t + \alpha) + h \cos(t + \varphi) = \sqrt{0.8^2 + 1.6h \cos\varphi + h^2} \times \cos(t + \theta) \tag{9.3}$$

其中，$\theta = \arctan[h \sin\varphi/(0.8 + h\cos\varphi)]$。式中合成项可以看作是初始方程的摄动项，摄动项的初相为 θ，在不考虑 θ 的情况下，对检测系统进行分析。发现对检测系统的临界幅值几乎没有任何的影响，影响的只是轨迹解的初始位置，因此可以忽略不计。对检测效果产生影响的只是根号下的式 (9.4)。理论上只要根号下式 (9.4) 大于检测系统的临界幅值 $A_{\rm d}$

$$\sqrt{0.8^2 + 1.6h\cos\varphi + h^2} > A_{\rm d} \tag{9.4}$$

系统相图就发生相变，由混沌向大尺度周期转变，即证明有待测信号的存在。反之系统相图没有发生转变，则检测不到待测信号。若假设待测信号的幅值 $h = 0.06$，因为 $0.8 + 0.06 > A_{\rm d} = 0.825$ 理论上讲是可以检测到的。下面化简式 (9.4)，可以得到式 (9.5)：

$$\varphi > \arccos\left(\frac{A_{\rm d}^2 - h^2 - 0.8^2}{1.6h}\right) \tag{9.5}$$

将数值代入式 (9.5) 可得，能够使 Duffing 方程从混沌向大尺度周期状态转化的 φ 的取值范围为 $-67.314° < \varphi < 67.314°$。实验验证的结果如下：当 $\varphi = 67.413°$ 时，检测的相图如图 9.2 所示；当 $\varphi = 67°$ 时，相图如图 9.3 所示。实验结果表明与理论分析结果相差不大。为了使检测结果更加精确，缩小 φ 的取值范围 $-60° < \varphi < 60°$，即认为待测信号和摄动信号的初相位的相位差在此范围内时，未知信号可以被检测出来。当 $h > 0.06$ 时，由式 (9.5) 可知 φ 的取值范围也要增大，显然 $-60° < \varphi < 60°$ 的取值范围，同样满足幅值 $h > 0.06$ 时的所有情况。

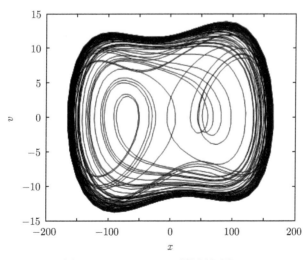

图 9.2 $\varphi = 67.413°$ 时检测相图

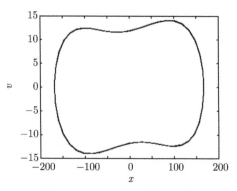

图 9.3　$\varphi = 67°$ 时检测相图

9.1.3　考虑驱动信号初始相位对检测效果的影响

下面就 $\alpha \neq 0$ 时的影响进行分析. 为了不失一般性, 将 Duffing 方程 (9.2) 等号右边的两项化为方程 (9.6):

$$F_{\mathrm{d}} \cos(t + \alpha) + h \cos(t + \varphi) = F' \cos(\omega t + \theta') \tag{9.6}$$

其中, $F' = \sqrt{F_{\mathrm{d}}^2 + h^2 + 2F_{\mathrm{d}} h \cos(\varphi - \alpha)}$, $\theta' = \arctan \dfrac{F_{\mathrm{d}} \sin\alpha + h \sin\varphi}{F_{\mathrm{d}} \cos\alpha + h \cos\varphi}$. 当 $\alpha = 0$ 或 π 时, $\theta' = \arctan \dfrac{(h/F_{\mathrm{d}}) \sin\varphi}{\pm 1 + (h/F_{\mathrm{d}}) \cos\varphi} \approx 0$; 当 $\alpha \neq 0$ 或 π 时, 等式 $\theta' = \arctan \dfrac{F_{\mathrm{d}} \sin\alpha + h \sin\varphi}{F_{\mathrm{d}} \cos\alpha + h \cos\varphi}$

式 (9.6) 右端项中, 由于 $h \ll F_{\mathrm{d}}$, 可以忽略不计, 所以式子可以简化为 $\theta' = \alpha$, 由于系统对初值的敏感性, 参数的改变会影响检测的阈值. 使用 Simulink 仿真, 其仿真模型如图 9.4 所示.

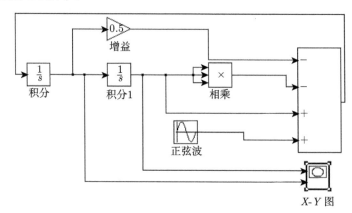

图 9.4　Duffing 方程的 Simulink 仿真模型

根据仿真结果画出图 9.5,从图中可以看到,随着初相的不同,由方程 (9.6) 的分析可知,检测系统的临界阈值会有一定程度的改变。当 $\alpha = 0$ 或 $\alpha = \pi$ 时,由仿真可知系统的阈值稍微有些改变,但是与 α 取其他值时相比变化相对很小,这与上文的分析结果一致,所以当 $\alpha = 0$ 或 $\alpha = \pi$ 时,系统阈值变化最小,系统的检测精度最高。

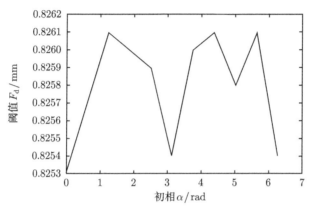

图 9.5 初相和阈值的关系

9.2 盲域消除法

从式 (9.4) 可知,实际情况中 $\varphi \in [-\pi, \pi]$,而当幅值为 $h \geqslant 0.06$ 的待测信号时,只有 $\varphi \in [-\pi/3, \pi/3]$ 能够被检测出来,也就是说满足这一幅值条件的待测信号,被检测出来的概率只有 33.3 %,显然检测效果不好,有 66.7 % 的概率检测不出来。为了消除这种影响,就下列方法进行介绍。将方程 (9.1) 变为方程 (9.7),

$$\ddot{x} + 0.5\dot{x} - x + x^3 = 0.8\cos(t + \alpha) - h\cos(t + \varphi) \tag{9.7}$$

则方程 (9.7) 能够检测的待测信号的相位差的范围为 $\varphi \in [-\pi, -2\pi/3] \cup [2\pi/3, \pi]$,可知通过改变方程,使有效检测的概率变为 66.7 %,大大提高了检测概率。此方法称为盲域消除法[2]。对于另外的不可检测区间 $\varphi \in [-2\pi/3, -\pi/3]$ 和 $\varphi \in [\pi/3, 2\pi/3]$ 时,由方程 (9.6) 中 $F' = \sqrt{F_d^2 + h^2 + 2F_d h\cos(\varphi - \alpha)}$ 可知,假设当 $F' = A_d$ 时经化简可得式 (9.8):

$$\varphi - \alpha > \arccos\left(\frac{A_d^2 - h^2 - F_d^2}{2F_d h}\right) \tag{9.8}$$

通过式 (9.7) 可知,通过改变摄动信号初相 α,使 $\varphi - \alpha$ 处于可检测区域,则未知信号可以被检测出来。即通过改变 α 的值,使待测信号的初始相位位于检测区域,来达到消除盲域的目的。在方程 (9.2) 中取 $\alpha = \pi/2$ 则 $\varphi - \alpha \in [-\pi/3, \pi/3]$,即

$\varphi \in [\pi/6, 5\pi/6]$。同样在方程 (9.7) 中取 $\alpha = \pi/2$，则可以得到 $\varphi - \alpha \in [-\pi, -2\pi/3] \cup [2\pi/3, \pi]$，即 $\varphi \in [-5\pi/6, -\pi/6]$。

从上面的分析可知，当检测幅值为 $h \geqslant 0.06$ 的待测信号时，可以使 $\alpha = 0$ 和 $\alpha = \pi/2$ 分别代入到方程 (9.2) 和方程 (9.6) 中得到四个方程，这四个方程覆盖的范围为 $[-\pi, \pi]$ 的整个区间，因此只要有一个方程的相图发生改变，即可认为有待测的信号。所以，我们可以构建一个方程组来达到消除检测盲域，进而检测未知频率的微弱信号的目的。

9.3   变尺度和盲域消除法相结合实验

通过 9.2 节上面分析可知，在检测未知频率的待测信号时，我们可以结合盲域消除法和变尺度法，通过构造检测方程组，消除传统方法检测未知信号的缺点。下面通过实例来说明此方法的可行性。

假设未知信号 $s(t) = 0.002 \cos(5t + 80°)$。在传统方法中不考虑驱动信号的初始相位对检测阈值的影响，其构造的检测方程组 (9.9) 为

$$\ddot{x} + 0.5\dot{x} - x + x^3 = 0.824 \cos(t) + s(t)$$

$$\ddot{x} + 0.5\dot{x} - x + x^3 = 0.824 \cos(t) - s(t)$$

$$\ddot{x} + 0.5\dot{x} - x + x^3 = 0.824 \cos(t + \pi) + s(t)$$
$$\ddot{x} + 0.5\dot{x} - x + x^3 = 0.824 \cos(t + \pi) - s(t)$$

$$(9.9)$$

根据方程组 (9.9) 检测待测信号，利用变尺度法，本节重点是对比待测信号初始相位对检测效果的影响，因此利用文献 [3] 的方法直接采用变尺度法 $R = 5$，其检测相图如图 9.6 所示。

考虑到摄动信号初相对阈值的影响，当 $\alpha = 0$ 时，$F_d = 0.826$；当 $\alpha = \pi/2$ 时，$F_d = 0.827$。所以构造方程组时，当 α 取不同的值时，驱动信号的幅值也相应地改变，这样可以在一定程度上消除初相对检测效果的影响，其检测方程组 (9.10) 为

$$\ddot{x} + 0.5\dot{x} - x + x^3 = 0.824 \cos(t) + s(t)$$

$$\ddot{x} + 0.5\dot{x} - x + x^3 = 0.824 \cos(t) - s(t)$$

$$\ddot{x} + 0.5\dot{x} - x + x^3 = 0.825 \cos(t + \pi/2) + s(t)$$

$$\ddot{x} + 0.5\dot{x} - x + x^3 = 0.825 \cos(t + \pi/2) - s(t)$$

$$(9.10)$$

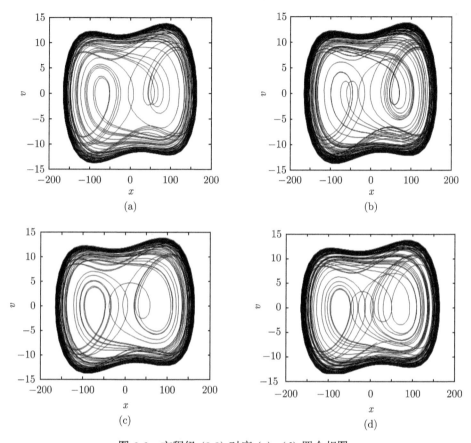

图 9.6 方程组 (9.9) 对应 (a)~(d) 四个相图

方程组 (9.10) 对应的相图如图 9.7 所示，由图 9.7 中相图的变化可知，利用方程组 (9.10) 检测时，微弱信号可以被检测出来。理论上利用方程组 (9.9) 也可以检

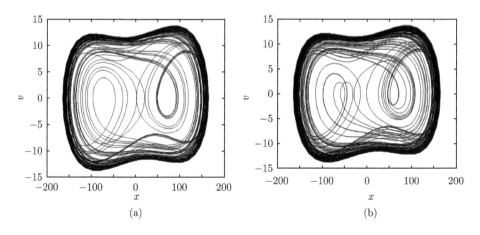

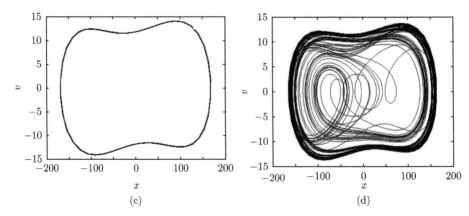

图 9.7　方程组 (9.10) 对应 (a)~(d) 四个相图

测出来, 但是, 由于方程组 (9.9) 中没有考虑到驱动信号初始相位对检测阈值的影响, 所以没有检测出待测信号。因此相比传统方法, 新方法检测准确率更高。

9.4　本章小结

本章对基于混沌振子的微弱信号检测中存在的盲域和检测效率问题进行了研究, 提出盲域消除法和变尺度法相结合的方法, 提高了检测的准确度和效率。

参 考 文 献

[1]　牛德智, 陈长兴, 班斐, 等. Duffing 振子微弱信号检测盲区消除及检测统计量构造 [J]. 物理学报, 2015, 64(06): 060503.

[2]　赖志慧, 冷永刚, 孙建桥. 基于 Duffing 振子的变尺度微弱特征信号检测方法研究 [J]. 物理学报, 2012, 61(5): 050503.

[3]　韩建群. 一种减小 Duffing 系统可检测断续正弦信号频率范围的方法 [J]. 电子学报, 2013, 41(4): 733-738.

第10章 基于混沌振子的机械设备早期微弱故障信号检测实验

为了验证前面几章所提的混沌系统理论的可行性与可靠性,本章通过旋转机械振动及故障模拟实验台进行微弱故障信号实验验证,实验设备采用石家庄铁道大学省部共建交通工程结构力学行为与系统安全国家重点实验室的旋转机械振动及故障模拟振动试验台,通过对滚动轴承故障信号的采集,然后进行微弱信号检测实验验证。滚动轴承是旋转机械中应用最广泛,也是最易损坏的零件,对它早期故障的诊断研究显得尤为重要。已有专家、学者研究分析了轴承信号具有混沌的特性[1],且呈周期性变化,在一定程度上混沌系统适合对此微弱故障信号进行检测。

10.1 故障模拟振动试验台

本次振动信号数据采集所用的试验台是交通工程结构力学行为与系统安全国家重点实验室的旋转机械振动及故障模拟试验台, 此试验台的结构及各部件如图 10.1 所示, 这个轴承早期故障模拟试验平台包括一个 2hp(1hp=745.700W) 的电机、一套传动装置和电子控制设备 (未显示),同时旁边还有一套完整的做齿轮故障研究所用的装置。将所有设备零件组合固定在一个厚实的钢板上,以防止设备运转过程中地面的低频振动干扰采集信号的获取 (理论上钢板应该一动不动,但几乎

图 10.1 旋转机械振动及故障模拟试验台

做不到)。电机为调速电机,在许可范围内,可以实现所需转速的调整,有一套灵敏度、准确度较高的传感设备,以确保振动信号采集的精确度,最后还有一套完整的电子控制设备,根据需要实时控制试验台的运作情况。实验过程中,通过转动轴系上故障轴承和正常轴承的交换安装,进行信号采集,分析信号之间的差异。实验设备的精密合理安装、实验员的正确操作,对采集的实验结果乃至后期的数据处理分析至关重要。但是在实验操作过程中,一些人为及设备的误差是在所难免的,这就需要对实验进行多次操作,取其中理想的数据进行实验验证。

10.2　滚动轴承早期故障

　　滚动轴承是旋转机械中应用最为广泛的机械零件,它将滑动摩擦变为滚动摩擦,从而减少摩擦损失的一种精密的机械元件。滚动轴承的早期故障诊断在整个机械设备运行过程中显得很重要,故障的早期诊断相比后期严重的故障给机器以及企业利益带来的损失大大降低,因此对于滚动轴承早期故障的研究具有非常重要的意义。本实验采用的是型号为 N205EM 的圆柱滚子轴承。其结构包括内圈、外圈、滚动体和保持架四部分,如图 10.2 所示。

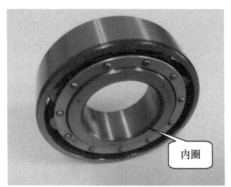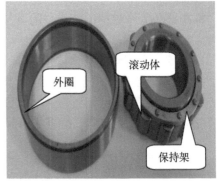

图 10.2　滚动轴承各部分结构图

　　一般工作情况下:外圈与轴承支座或机壳相连固定或相对固定,内圈与机器的旋转轴连接,随轴一起转动。滚动轴承长期不间断运转特别易损坏,而且它的旋转运行情况直接关系到整个机器的工作状态。由于在工作过程中,受本身质量和外部条件的因素,其承载能力和旋转精度发生异常变化而不能正常工作,称之为失效。其失效形式多种多样,主要有:接触疲劳失效、磨损失效、断裂失效及塑性变形失效等。

　　(1) 接触疲劳失效:是指轴承在工作过程中其表面受到不断变化的应力作用而导致材料发生疲劳失效。接触疲劳剥落是很常见的,由于所受载荷和应力的不断变化, 在接触表面内部形成裂纹, 长期的工作使裂纹不断扩展到接触面形成坑状结构, 导致最后成片剥落的现象就是疲劳剥落。

(2) 磨损失效: 是指在轴承各部件之间各种原因导致杂质异物的侵入引起表面磨损, 简单来说就是接触面之间异物的原因导致发生相对滑动, 长此以往不断被磨损而失效。

(3) 断裂失效: 引起断裂的主要因素有两个, 即过载和缺陷, 轴承在加工过程中由热处理不当存在残余应力和装配不当引起受力不均匀, 在旋转过程中容易引发裂纹或者破裂, 而且当外加载荷超过材料强度极限而造成零件断裂称之为过载断裂。

(4) 塑性变形失效: 主要指当轴承受到过大的静载荷或者冲击载荷作用时, 材料刚度的原因, 导致滚动体或套圈滚道上出现不均匀的凹坑, 影响正常工作, 这就是塑形变形失效, 在低速或轴承晃动时经常发生。

以上滚动轴承的失效形式, 在机器运转工作过程中是经常发生的, 也是很常见的。近些年来, 许多国内外学者一直致力于轴承故障诊断研究, 并取得一定进展, 但是对于早期故障的诊断研究目前仍然是一个难点。

本实验室由于实验条件和滚动轴承及各方面的限制, 所研究的滚动轴承是采用人为加工故障的方法, 此故障是用电火花加工的条状损伤, 加工的故障宽度不等, 本节采用的故障宽度约为 0.2 mm, 然后进行标记。其滚动轴承的故障类型如图 10.3 所示, 所研究故障为滚动体 (未显示) 或轴承外圈故障以及内圈故障, 在整个轴承运转过程中由于存在故障原因, 导致轴承在旋转过程中受力不均匀肯定会产生不一样的故障特征频率, 就是通过发现其故障特征频率, 得知轴承故障的存在, 然后及时更换轴承, 防止造成更严重的后果。最后进行准确安装, 信号采集, 故障检测分析。

图 10.3 滚动轴承的故障类型

本次实验中所采用的轴承如图 10.3 所示是圆柱滚子轴承。其各部分的参数如表 10.1 所示。

表 10.1　轴承的结构参数

滚动轴承型号	滚动体数目/z	滚动体直径 d/mm	轴承节径 D/mm	轴承压力角 α/(°)
N205EM	13	7.5	38.5	0

由滚动轴承的特性, 专家们已经根据经验、理论总结推导出了计算滚动轴承各个部位的特征频率的方法, 但是在总结推理之前, 需做如下三个假设: ①滚动体与滚道之间无相对滑动; ②轴承在受到载荷时各部分无变形; ③每个滚动体规格相同且均匀分布。可以由表 10.1 中的参数和轴承转速计算出故障特征频率, 但是由于损伤的部位不同, 产生的机理有一定的区别, 因而特征频率的计算方法也存在差异, 方程组 (10.1) 是在以上假设的前提下关于轴承各个部位故障频率的计算方法:

$$f_{\mathrm{t}} = \frac{1}{2}\left(1 + \frac{d}{D}\cos\alpha\right) \cdot f_{\mathrm{r}} \cdot z$$

$$f_0 = \frac{1}{2}\left(1 - \frac{d}{D}\cos\alpha\right) \cdot f_{\mathrm{r}} \cdot z$$

$$f_{\mathrm{Rs}} = \frac{1}{2}\left(1 - \frac{d^2}{D^2}\cos^2\alpha\right) \cdot f_{\mathrm{r}} \cdot \frac{D}{d} \tag{10.1}$$

$$f_{\mathrm{Bi}} = \frac{1}{2}\left(1 + \frac{d}{D}\cos\alpha\right) \cdot f_{\mathrm{r}}$$

$$f_{\mathrm{B0}} = \frac{1}{2}\left(1 - \frac{d}{D}\cos\alpha\right) \cdot f_{\mathrm{r}}$$

式中, f_{t} 为内圈滚道缺陷频率; f_0 为外圈滚道缺陷频率; f_{Rs} 为滚动体缺陷频率, f_{Bi} 为保持架碰内环; f_{B0} 为保持架碰外环; d 为滚动体直径; D 为轴承节径; α 为轴承的压力角; f_{r} 为电机的转速。

在实验之前, 根据计算公式, 可以预先计算一下待测轴承各个损伤部位的故障频率, 与实际的故障频率对比一下, 可能存在些许的偏差, 理论与实际之间存在一些误差也是在所难免的。

10.3　传感设备与信号采集

根据上面预先选定好的滚动轴承故障类型, 然后进行正确的安装, 布置好采集信号的传感设备, 在电子控制设备的监测下, 正确、安全启动振动试验台, 根据需要设置好采集仪的各个参数, 然后进行信号采集, 最后通过计算机进行信号处理。采集信号的传感设备是型号为 CA-YD-188 的压电式加速度传感器, 采样频率量程为 0.2~2000 Hz, 灵敏度为 49.9。将此加速度传感器安装在传动末端和机壳支撑轴承端的位置,振动加速度信号由单通道的数据记录仪采集,通过变换不同摆放位置,进行多次信号采集,加速度传感器及其布置方式如图 10.4 所示。转速数据可以采用光电编码器测量记录,也可通过人工手动测量并记录。进行多次实验,取其采集良好的信号数据进行实验分析。

图 10.4 加速度传感器及其布置方式

对于上述布置好的试验台,我们开始进行振动信号故障模拟实验数据的采集,启动设备之前,根据需要开机调试好采集系统的各个参数,取电机主轴的转速为 1480 r/min,采样点为 50000 个,通过 Labview 采集软件采集的振动信号被保存为 Matlab 格式,最后再输入到 Matlab 分析软件中,此实验只针对滚动轴承内圈、外圈两部分的模拟故障信号进行了采集,选取了其中一组有效、可靠的信号如图 10.5 所示,此组信号已经通过课题组研究生用其他信号处理方法精确分析了真实故障信号的特征频率,以便于调整检测系统的驱动频率和理论频率做对比。根据表 10.1 中的各个参数,可以预先计算各个部位故障的理论频率如表 10.2 所示。

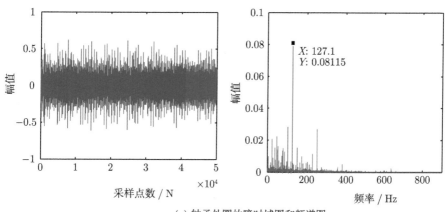

(a) 轴承外圈故障时域图和频谱图

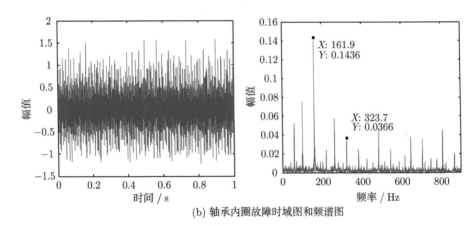

(b) 轴承内圈故障时域图和频谱图

图 10.5　滚动轴承内、外圈故障时域图和频谱图

表 10.2　轴承各部件的故障频率

故障部位	内圈故障	外圈故障
频率	162 Hz	127 Hz

通过计算公式得到理论的轴承内、外圈的故障特征频率，可以作为一种验证方法，验证通过别的方法获得真实信号的特征频率是否正确，做一下对比验证，理论值与真实值之间不会相差太大，但是会存在一定的小误差。当实验所需设备准备齐全，并调整好采集仪，然后安全启动机器，再在轴承转速为 872 r/min 和轴承转速为 1185 r/min 的情况下，用 Labview 采集软件分别进行内、外圈振动信号采集，并保存为 Matlab 格式，通过计算机软件稍作处理，所采集的信号如图 10.5 所示。

滚动轴承故障原始数据的时域图以及处理后的频谱图如图 10.5 所示，由于对轴承加工了非常小的故障，因而产生的信号非常微弱，基本会被试验台所发出的噪声和轴承旋转的固有频率等信号所湮没，只在信号时域图中根本无法分辨出故障存在的形式和故障模式以及故障频率的情况。通过其他方法分析可知滚动轴承故障信号的特征频率。尽管滚动轴承故障信号非常微弱，但是其具有一定的周期性，虽然用传统的方法很难检测到微弱的故障信号，但是基于混沌检测系统的优势，对微弱周期信号是非常敏感的，而且对噪声具有一定的免疫力，这就使得混沌检测系统为轴承早期故障诊断提供了一个很大的可能性。

10.4　滚动轴承早期故障诊断

通过第 5 章和 10.3 节进行的一系列理论与实验分析，把采集到的轴承故障信号在不改变信号成分的条件下，在计算机的辅助下稍作处理，由 Simulink 模块中的 Simin 命令，实现由状态空间输入到双耦合 Duffing 振子系统中，验证系统的正确性、有效性、可靠性。整个实验过程中双耦合 Duffing 振子系统的检测步骤的示意图如图 10.6 所示。

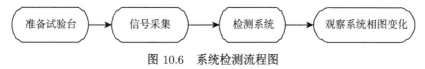

图 10.6　系统检测流程图

对现场采集到的信号，要根据具体的情况设计出合理的混沌检测系统。设计系统时主要是根据具体的情况去计算混沌系统中具体的几个参数，合理的参数设置，才能达到一个俱佳的效果，这也需要大量的实验仿真模拟。这里选取的混沌系统是双耦合 Duffing 振子系统，已经在第 5 章进行了分析研究，对其修改使其能应用于工程实际的系统，修改后如式 (10.2) 所示：

$$\begin{cases} \dot{x} = \omega x_3 \\ \dot{x}_3 = \omega(-kx_3 + x - x^3 - c(x_3 - x_2) + \gamma\cos(\omega\tau) + \text{input}) \\ \dot{u} = \omega x_2 \\ \dot{x}_2 = \omega(-ku_2 + u - u^3 - c(x_2 - x_3) + \gamma\cos(\omega\tau) + \text{input}) \end{cases} \tag{10.2}$$

对于其中各个参数的含义，已在前面介绍，这里不再赘述。根据 10.3 节采集到的故障信号数据，通过其他方法已经得到了内圈真实的故障频率 $f = 127.1\,\text{Hz}$ 和外圈真实的故障频率 $f = 161.9\,\text{Hz}$，接下来将故障信号输入系统之前，需要调节好系统的参数，如初值、步长、阈值等，把系统的频率参数调整为故障信号频率的参数 $\omega = 2 \cdot \pi \cdot f$，然后，选择好合理正确的临界阈值 $f_\text{d} = 0.826$，最后，分别把内圈和外圈的故障信号通过编辑好的 Simulink 模块，输入到检测系统中，通过观察双耦合 Duffing 振子系统的相轨迹是否发生变化来判断故障是否产生。

图 10.7(a) 为混沌检测系统用于检测信号的状态。根据图 10.7(b) 可知，将采集的正常轴承信号通过混沌检测系统时，系统状态并没有发生变化，还是处于混沌状

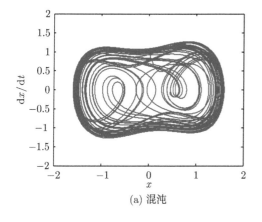

(a) 混沌

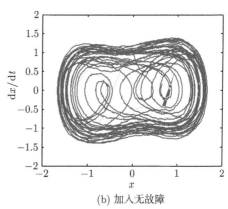

(b) 加入无故障

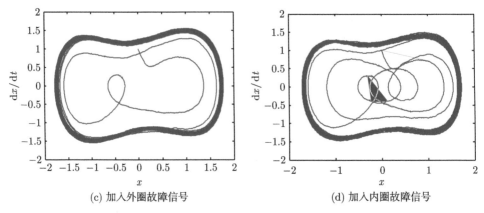

(c) 加入外圈故障信号　　　　　　　　(d) 加入内圈故障信号

图 10.7　非线性耦合系统的状态响应

态，然后观察图 10.7(c) 和 (d) 的变化，它们分别为外圈和内圈故障信号输入系统时，相图的变化情况，可以看出混沌系统相图的运动轨迹由混沌状态转变为大周期状态。因此由这两组图对比说明系统相轨迹图发生了变化，并不是信号中其他因素引起的，而是采集的信号中存在与系统内置频率同频率故障信号，引起了系统相轨迹图的变化，由此判断出采集的内、外轴承信号是有故障的。

　　为了验证非线性检测系统的可靠性，是否对所有正确采集的故障信号都可以准确无误的检测出来，下面是在同一工况下通过采集多组实验数据，然后用与上面同样的方法，进行实验结果的验证，所采集的振动信号的一些参数以及所得实验结果汇总于表 10.3 和表 10.4。

表 10.3　滚动轴承内圈故障实验数据

序号	电机转速/(r/min)	故障频率/Hz	系统阈值	初始状态	末状态
1	1480	161.9	0.826	混沌	周期
2	1480	162.0	0.826	混沌	周期
3	1185	135.7	0.826	混沌	混沌
4	1185	135.6	0.826	混沌	周期
5	872	113.4	0.826	混沌	混沌

表 10.4　滚动轴承外圈故障实验数据

序号	电机转速/(r/min)	故障频率/Hz	系统阈值	初始状态	末状态
1	1480	127.1	0.826	混沌	周期
2	1480	127.0	0.826	混沌	混沌
3	1185	110.3	0.826	混沌	周期
4	872	96.9	0.826	混沌	混沌
5	872	97.0	0.826	混沌	周期

通过对以上两个表内所显示结果的分析，能够发现并不是所有的采集的故障信号都能够被很好地检测出来，这只是做了局部的部分实验，对于更多的真实的实验数据很难达到一个理想的检测效果，因为真实的信号要复杂得多，根据上述实验结果一方面说明设计的耦合非线性系统存在一定的缺陷，需要更加深入的研究；另一方面说明采集的故障信号存在不稳定性。针对不同情况的故障信号特征应该设计出合理的满足需求的混沌检测系统，而且在信号采集过程中尽量去避免一些无所谓的干扰因素存在，一个平稳而不受干扰的信号，故障特征才会呈现出更加明显的周期性变化，在检测过程中更容易得到一个理想的效果。

通过分析结果显示，混沌理论在实测信号检测方面取得了进展，使我们在实际工程应用中看到了可能性，因而在旋转机械早期故障诊断中具有一定的发展前景，但是要真正能够有效且精确地实现检测现场所采集的各种故障信号，还有一段路要走，需要多个领域专家投入更多精力进行深入的研究。

10.5 本 章 小 结

本章讲述了从试验台滚动轴承安装、传感器的布置，到信号采集的整个过程，介绍了滚动轴承的结构、故障形式及故障频率算法。滚动轴承的合理安装、信号的正确采集操作对于整个实验过程的结果至关重要。将采集的轴承故障信号与正常轴承的信号通过 Simulink 模块，分别输入到双耦合 Duffing 振子非线性系统中，进行实验数据的验证，实验结果表明，此混沌系统在一定程度上能将实测故障信号检测出来，但是距离精确的检测还存在一定的差距，而且对于任意形式的故障信号，还需要进一步研究。

参 考 文 献

[1] 刘桐桐. 基于混沌弱信号检测技术的轴承异常微弱信号辨识 [D]. 包头: 内蒙古科技大学, 2013.

第11章 总结与展望

11.1 总　　结

人类科技进入了飞速发展的阶段，最近几十年所取得的成就甚至超过了过去几千年时间所取得的成果。人类进入工业社会以来，经历了工业化阶段、电气化阶段和信息化阶段，即将进入智能化阶段。经历了从亚里士多德的世界观，到哥白尼的世界观，再到现今的牛顿和爱因斯坦的世界观。我们认识事物的规律是由浅到深，由表到里。动力学的研究也由从线性发展到非线性。

随着非线性动力学理论的发展，非线性动力学理论已经在很多领域得到了越来越广泛的应用，在信号处理方面，也取得了卓越的成就，基于非线性动力学理论的微弱信号检测在某种意义上也算是一个多学科交叉的研究领域，归结到一点属于现代信号处理方法。国内外很多专家、学者一直致力于微弱信号检测的研究，因为它是现代信号处理领域的热点和难点。本书依据已有的一些非线性动力学理论研究成果，主要运用随机共振理论和混沌动力学理论，研究了非线性动力学在微弱信号检测中的应用，并对湮没在背景噪声下的微弱信号进行检测。将非线性动力学理论应用于微弱信号检测，克服了传统微弱信号检测方法的局限性，是一种具有发展前景和工程应用价值的新方法。

本书主要内容：

(1) 介绍了微弱信号检测技术的研究现状，微弱信号检测的时域方法、频域方法及时频域分析方法。

(2) 介绍了随机共振理论，研究了基于 Duffing 振子的随机共振现象，并研究了利用 Duffing 振子随机共振进行微弱周期信号的检测。

(3) 介绍了混沌的基本概念和基本特征。介绍了常用的典型混沌动力学系统，双耦合 Duffing 振子、van der Pol 混沌振子、Lorenz 混沌系统、Logistic 动力学模型。

(4) 研究分析了一些常用的混沌模型，每种混沌模型都有其自身的特点，结合其丰富的非线性动力学行为，展现出是否具有进行微弱信号检测的可能性。

(5) 由于单 Duffing 振子系统的不稳定性，也为了能够达到更低的信噪比检测门限，将两个 Duffing 振子进行耦合，建立双耦合 Duffing 振子系统信号检测的方法，通过分岔图找到临界阈值的大概位置，然后通过仿真实验观察系统相图的变

化,确定从混沌到周期状态的精确阈值。通过实验结果显示此耦合系统能够实现强
噪声背景下的微弱信号检测。

(6) 根据 Duffing 振子和 van der Pol 振子的数学表达式以及各自表现的动力学
行为特点,将两个不同的混沌振子进行耦合,建立了非线性耦合系统。通过对此非
线性耦合系统的分析,其依然具有对噪声的免疫力和对微小扰动的敏感性,能够有
效地检测出噪声背景下微弱正弦信号。通过对检测系统方程进行时间尺度的变换,
以适应各个频率的周期信号,进而实现对未知频率信号的检测。

(7) 对微弱信号检测中存在的盲域弱点进行了一些改进,对其检测方程的系数
选择进行了分析,增强了微弱信号检测的精度和效率。

(8) 针对如何确定临界阈值的问题,提出了运用分岔图和二分法进行搜索,并
将该方法用于求取该耦合系统的临界阈值,表明了此方法的有效性。

(9) 介绍了基于互相关的微弱信号检测方法,基于 van der Pol-Duffing 振子和
互相关建立了微弱信号检测系统,该系统能够充分发挥混沌振子和互相关的优势,
抗噪性大大提高,能够检测出被强噪声湮没的微弱正弦信号,信噪比门限进一步
降低。

11.2　　展　　　望

由于微弱信号检测的巨大应用价值,目前的微弱信号检测方法还不能达到人
们的要求,因此,微弱信号检测是未来一段时间内的研究热点,并且还将不断有新
的微弱信号检测方法提出。以下是对微弱信号检测方法研究的展望。

(1) 目前很多基于混沌振子的微弱信号检测方法的研究还只是停留在理论研究
阶段,离实际工程应用还有一段距离,可以利用目前的理论知识和工程实际相结
合,使理论研究能够应用到工程实际中。

(2) 基于混沌的微弱信号检测原理是根据相轨迹变化来判断是否检测到微弱信
号,由于是人为判定,因而存在误判的问题,如何找出精确的判断依据,使检测精
度和检测效率得到进一步的提升是以后研究的方向之一。

(3) 基于非线性动力学的微弱信号检测方法具有工程应用价值,为了便于工程
应用,需要进一步地研究采用这一理论与技术的微弱信号检测仪器,从而达到工程
应用中更准确检测微弱信号的目标。

(4) 分数阶混沌系统的电路实现及其应用已引起人们广泛的兴趣并进行深入的
研究 [1],整数阶微积分是分数阶微积分理论的特例,整数阶混沌系统都是对实际
混沌系统的理想化处理 [2],利用分数阶微积分算子能更准确地描述实际混沌系统
的动力学特性。如何利用分数阶混沌系统进行微弱信号检测是下一步研究方向,这
方面的研究具有重要的工程应用价值。

（5）超混沌系统具有两个及两个以上正的李雅普诺夫指数，动力学行为比一般混沌系统更复杂 [3]，超混沌系统相轨迹在更多方向扩展 [4]，因此受到国内外学者的广泛关注与研究，如何利用超混沌系统的动力学行为进行微弱信号检测也是下一步的研究方向。

参 考 文 献

[1] 刘崇新. 一个超混沌系统及其分数阶电路仿真实验 [J]. 物理学报, 2007, 56(12): 6865-6873.

[2] 刘崇新. 蔡氏对偶混沌电路分析 [J]. 物理学报, 2002, 51(06): 1198-1202.

[3] 刘明华, 冯久超. 一个新的超混沌系统 [J]. 物理学报, 2009, 58(07): 4457-4462.

[4] 周围, 吴周青. 一个新的超大范围超混沌系统分析与 FPGA 实现 [J]. 微电子学与计算机, 2019, 36(08): 49-53.

索　引

"非线性动力学丛书"已出版书目

（按出版时间排序）

1　张伟，杨绍普，徐鉴，等. 非线性系统的周期振动和分岔. 2002

2　杨绍普，申永军. 滞后非线性系统的分岔与奇异性. 2003

3　金栋平，胡海岩. 碰撞振动与控制. 2005

4　陈树辉. 强非线性振动系统的定量分析方法. 2007

5　赵永辉. 气动弹性力学与控制. 2007

6　Liu Y, Li J, Huang W. Singular Point Values, Center Problem and Bifurcations of Limit Cycles of Two Dimensional Differential Autonomous Systems（二阶非线性系统的奇点量、中心问题与极限环分叉）. 2008

7　杨桂通. 弹塑性动力学基础. 2008

8　王青云，石霞，陆启韶. 神经元耦合系统的同步动力学. 2008

9　周天寿. 生物系统的随机动力学. 2009

10　张伟，胡海岩. 非线性动力学理论与应用的新进展. 2009

11　张锁春. 可激励系统分析的数学理论. 2010

12　韩清凯，于涛，王德友，曲涛. 故障转子系统的非线性振动分析与诊断方法. 2010

13　杨绍普，曹庆杰，张伟. 非线性动力学与控制的若干理论及应用. 2011

14　岳宝增. 液体大幅晃动动力学. 2011

15　刘增荣，王瑞琦，杨凌，等. 生物分子网络的构建和分析. 2012

16　杨绍普，陈立群，李韶华. 车辆-道路耦合系统动力学研究. 2012

17　徐伟. 非线性随机动力学的若干数值方法及应用. 2013

18　申永军，杨绍普. 齿轮系统的非线性动力学与故障诊断. 2014

19　李明，李自刚. 完整约束下转子-轴承系统非线性振动. 2014

20　杨桂通. 弹塑性动力学基础(第二版). 2014

21　徐鉴，王琳. 输液管动力学分析和控制. 2015

22　唐驾时，符文彬，钱长照，刘素华，蔡萍. 非线性系统的分岔控制. 2016

23　蔡国平，陈龙祥. 时滞反馈控制及其实验. 2017

24　李向红，毕勤胜. 非线性多尺度耦合系统的簇发行为及其分岔. 2017

25　Zhouchao Wei, Wei Zhang, Minghui Yao. Hidden Attractors in High Dimensional Nonlinear Systems（高维非线性系统的隐藏吸引子）. 2017

26　王贺元. 旋转流体动力学——混沌、仿真与控制. 2018

27　赵志宏，杨绍普. 基于非线性动力学的微弱信号检测. 2020